KB242000

꽃과 풍경 자수 스티치

HANA TO FUUKEI NO SHISHU SAMPLER by Sadako Totsuka

Copyright © Sadako Totsuka, 2010

All rights reserved.

Original Japanese edition published by Keiyu sha Co.,Ltd.

Korean translation copyright © 2016 by JEUMIDEA

This Korean edition published by arrangement with Keiyu sha Co.,Ltd., Tokyo, through

HonnoKizuna, Inc., Tokyo, and Imprima Korea Agency, Seoul.

이 책의 한국어판 저작권은 HonnoKizuna, Inc. 와 Imprima Korea Agency를 통해

Keiyu sha Co.,Ltd. 와의 독점계약으로 제우미디어에 있습니다.

저작권법에 의해 한국 내에서 보호를 받는 저작물이므로 무단전재와 무단복제를 금합니다.

◆ 따듯한 감성으로 그려낸 자수 샘플러 ◆

꽃과 풍경
자수 스티치

토츠카 사다코 지음 | **남궁가윤** 옮김 | **김예원** 감수

제우미디어

CONTENTS

이 책을 보는 법

❖ 도안은 모두 실제 크기이지만 스티치는 성글게 그렸으므로, 수놓은 실제 모습은 사진을 참조하세요.

❖ 해설에서 아웃라인 S, 스트레이트 S, 백 S, 체인 S는 스티치 기호만 넣고 스티치 이름은 기본적으로 생략했습니다.

❖ 도안 내 해설은 스티치 이름('S'는 '스티치'의 약자), 실 번호(3~4자리 숫자), 사용하는 실 가닥 수(괄호( ) 안의 숫자) 순으로 표시하고, 스티치 기호와 선으로 이었습니다. 스티치 기호는 p.34 '수놓는 법의 기본과 응용'을 참조하세요.

❖ 실 번호가 여러 색으로 되어 있는 부분은 사진을 참조하여 알맞게 배색하세요.

❖ 복합사를 사용하는 작품은 그러데이션 부분의 색이 어떻게 나타나느냐에 따라 완성된 모습이 달라지기도 합니다.

❖ 수놓는 순서는 원칙적으로는 바깥쪽에서부터 순서대로 놓지만, 윤곽선이나 구분선은 안쪽을 다 놓고 나서 수놓습니다. 또 ①, ②……로 표

샘플러란 작은 모티브를 모아서 한 작품으로 만든 것입니다.

이대로 수를 놓아도 좋고, 마음에 드는 모티브만 고르거나 다르게 조합하는 등 활용 방법은 다양합니다.

이 책에서는 풍경 도안을 중심으로 하여 다양한 샘플러와 이를 변형한 작품을 소개했습니다.

아이디어에 따라서 여러 작품을 만들 때 활용해 보세요.

이 책을 보는 법

기된 부분은 그 순서대로 수놓습니다.

❖ 도안에 쓰인 기호 중 같은 기호가 있는 부분은 같은 방법으로 수놓는다는 것을 가리킵니다.

❖ 지사시 자수(올을 세기 쉬운 천에 올을 하나씩 세어 가며 스티치를 하여 아름다운 무늬를 만들어내는 자수) 도안은 모눈 1칸이 천 1올이고, 스티치 기호에는 무늬를 넣어 구별했습니다.

❖ 작품의 제작이나 가공(품)을 전문점에 맡길 때에는 수를 놓기 전에 크기, 색, 디자인 등을 전문점과 잘 의논하고 확인한 뒤에 시작합니다.

❖ 이 책에서는 대부분 코스모(COSMO) 제품을 사용했습니다. 코스모 실의 색상은 아래의 QR코드를 통해 확인할 수 있습니다.

❖ '코스모 마블 스레드' 실의 경우, '코스모 시즌즈 그러데이션' 실로 대체 가능합니다.

작은 집

>> HOW TO MAKE p.44~47

샘플러

ABCDEFGHIJKLMN

OPQRSTUVWXYZ

1 2 3 4 5 6 7 8 9 10

Sweet Home

스위트 홈

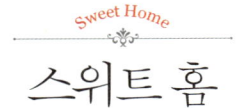

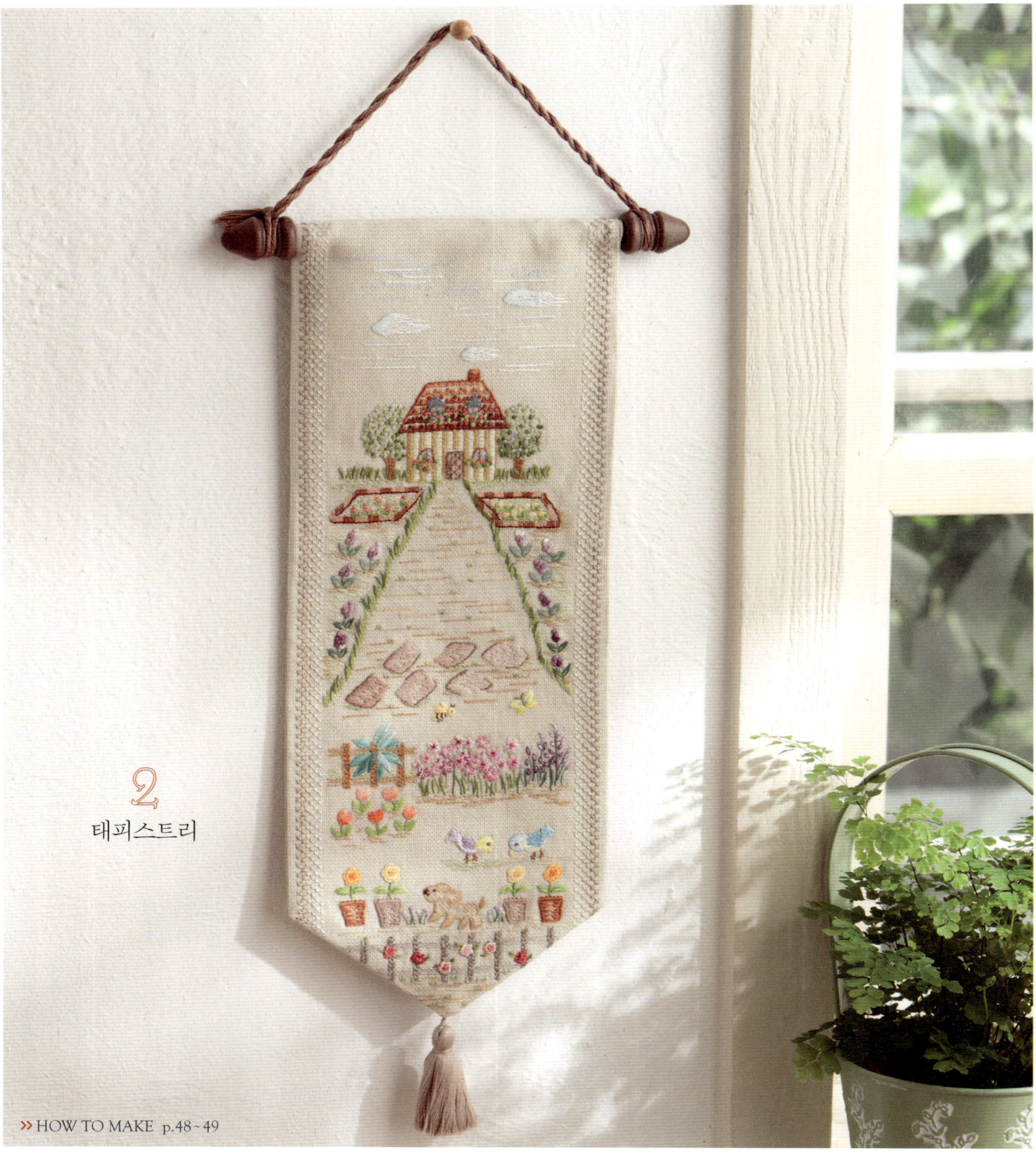

2

태피스트리

>> HOW TO MAKE p.48~49

>> HOW TO MAKE p.50~51

Happy Wedding

웨딩 메모리

4
샘플러

≫ HOW TO MAKE p.52~54

5

링 쿠션

» HOW TO MAKE p.55

Hello Baby

헬로! 베이비

6

액자

» HOW TO MAKE p.56~57

파리 골목길

7
샘플러

Marché

>> HOW TO MAKE p.58~61

13

8
샘플러

14

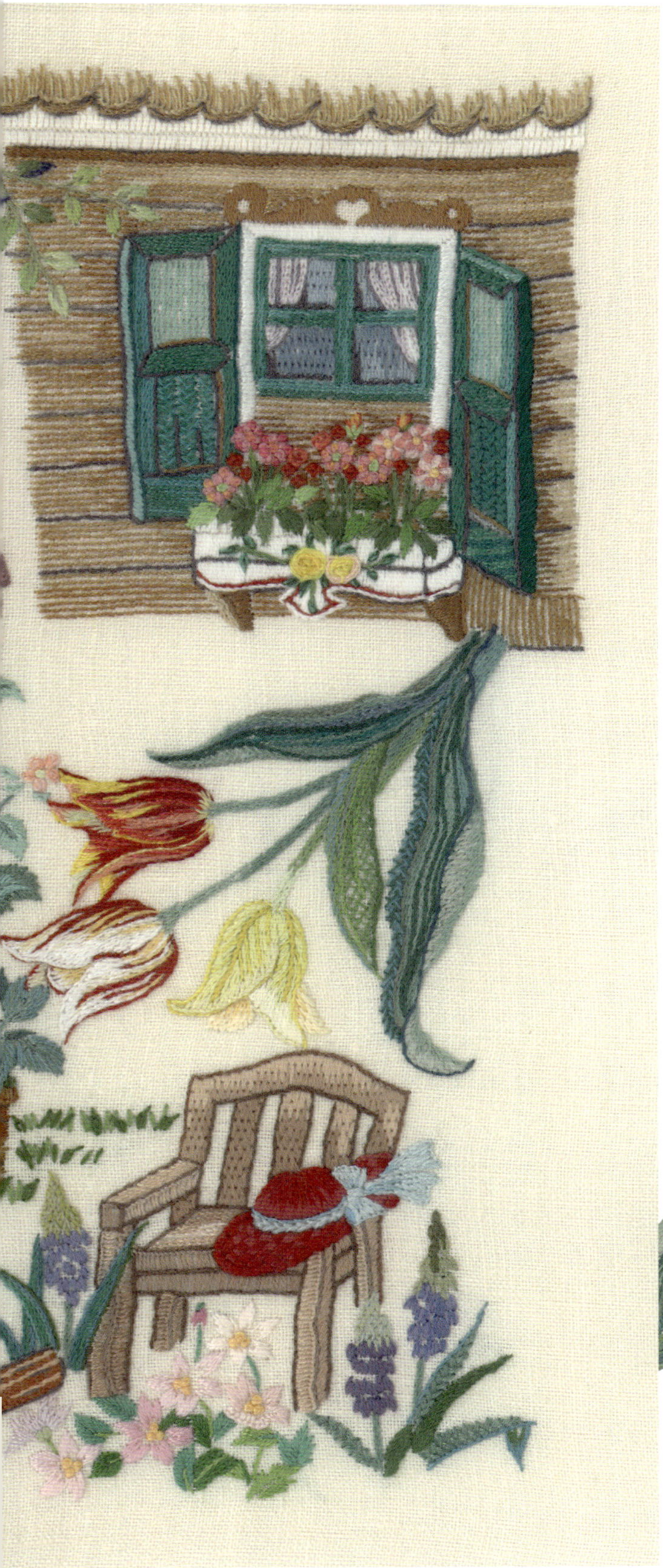

꽃이 핀 정원

>> HOW TO MAKE p.62~67

Life in Provence

여행지 풍경 I. 프로방스

9
샘플러

» HOW TO MAKE p.68~69

» HOW TO MAKE p.70

II
북 커버

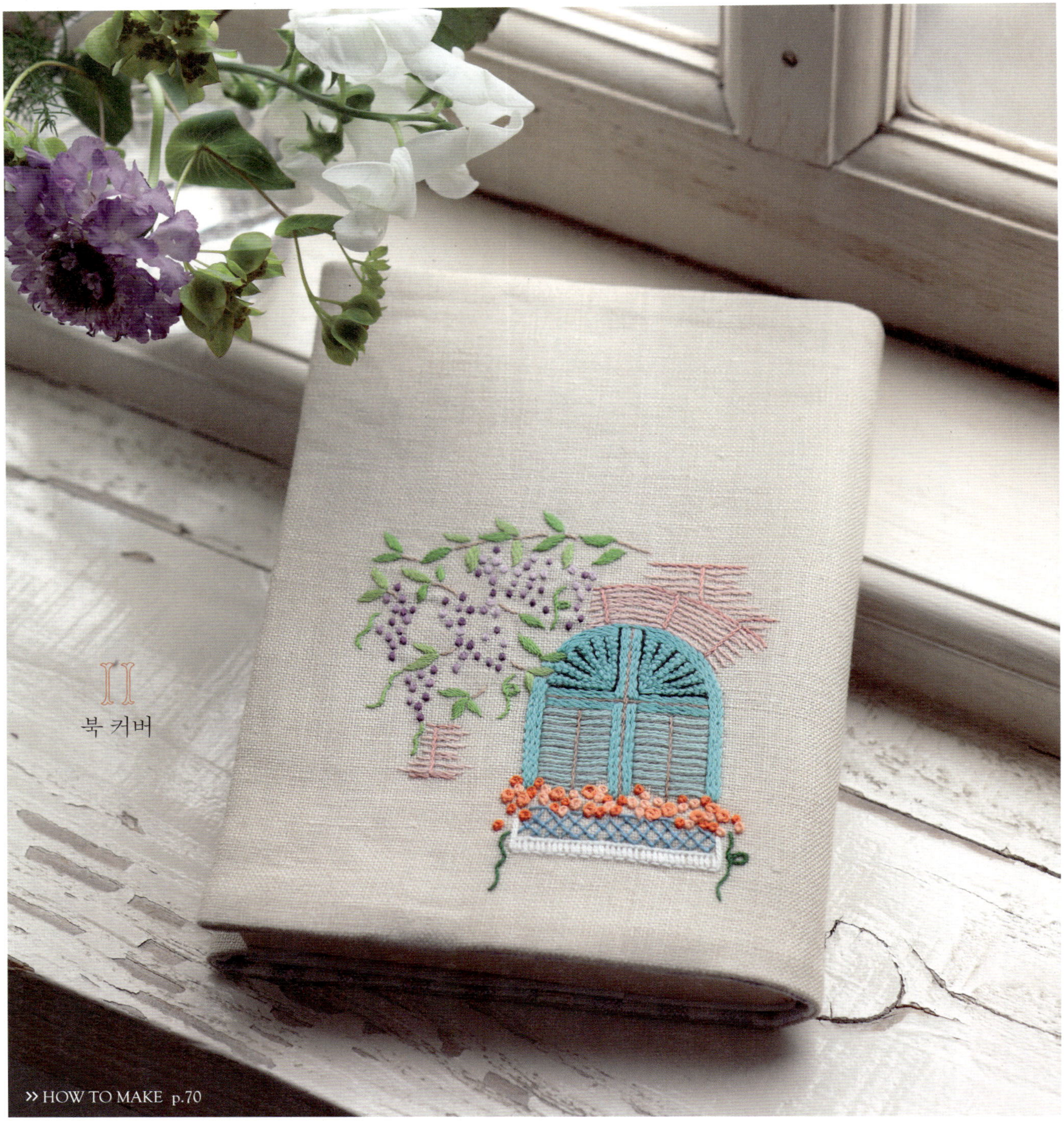

» HOW TO MAKE p.70

12
샘플러

»HOW TO MAKE p.71~73

ANNE OF GREEN GABLES

동화 속 세상

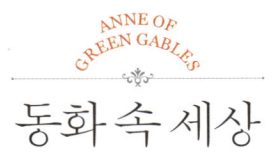

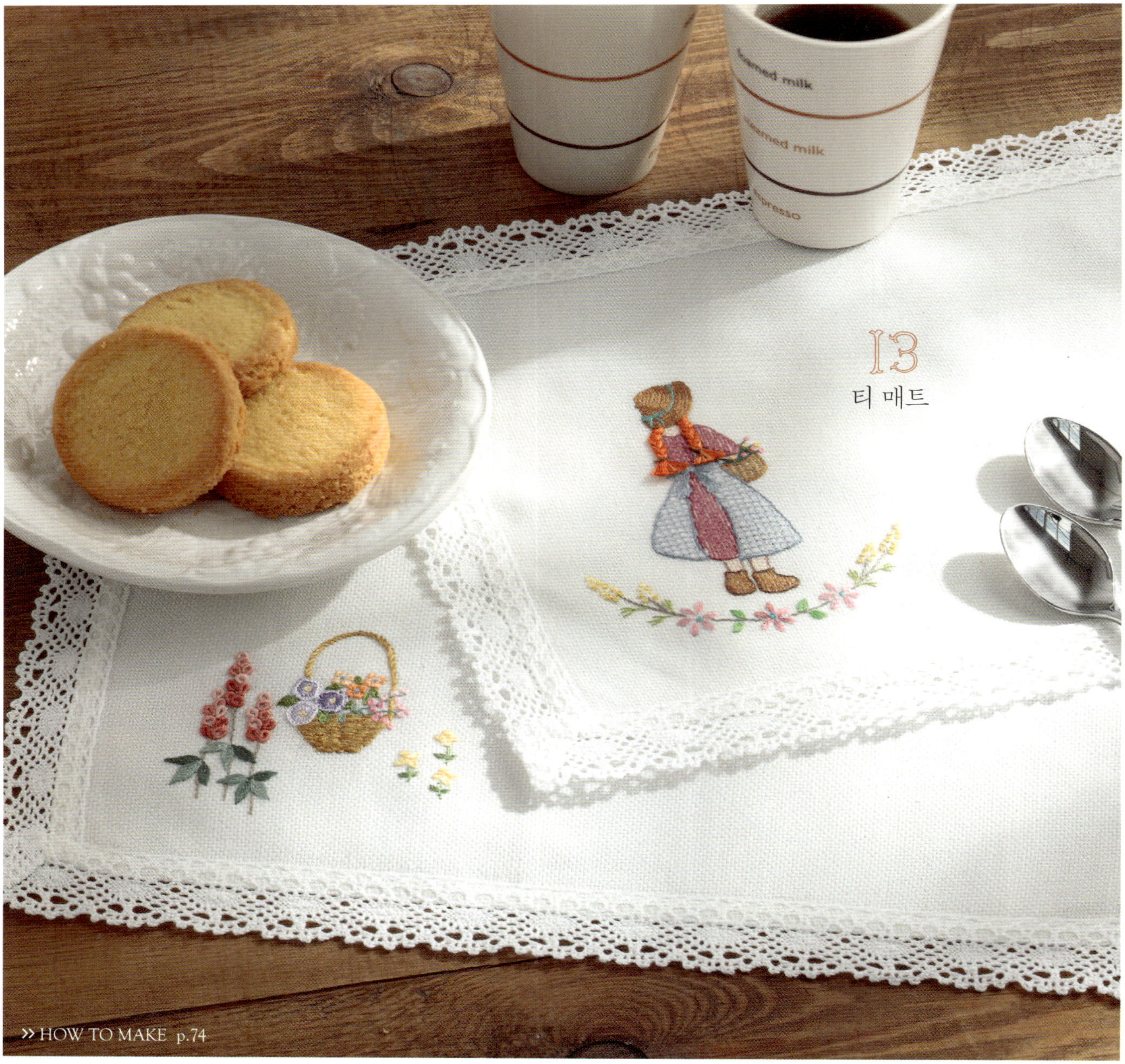

13

티 매트

» HOW TO MAKE p.74

14

샘플러

>> HOW TO MAKE p.75~77

동물들의 사계절

샘플러

>> HOW TO MAKE p.78~81

16
가방
>> HOW TO MAKE p.82

17
파우치
>> HOW TO MAKE p.83

18
봄 / 카드

» HOW TO MAKE p.84~85

19
봄

» HOW TO MAKE p.86~89

20
여름

»HOW TO MAKE p.90~91

>> HOW TO MAKE p.92 - 93

22
겨울

» HOW TO MAKE p.94~95

How To Make

자수를
시작하기 전에

❶ 천

자수용으로는 면이나 리넨 원단이 수놓기 쉽고 다루기도 간단하지만, 목적에 알맞게 천의 종류나 소재를 골라야 합니다. 수예재료점에서는 옥스퍼드 원단이나 리넨 원단 등 자수용으로 직조한 천을 살 수 있습니다. 시중에서 파는 무늬 없는 손수건이나 냅킨, 앞치마 같은 기성품을 사용하면 손쉽게 자수를 시작할 수 있으므로 이용해 보는 것도 좋겠지요. 단, 원단 소재에 따라 세탁하면 줄어들기도 하니, 살 때 취급 방법을 꼭 확인하세요.

❷ 실

일반적으로 25번 자수실, 5번 자수실, 라메실, 복합사 등의 실을 사용합니다. 가장 많이 사용하는 25번 자수실은 가는 실 6가닥을 느슨하게 꼬아서 1줄로 만들어 놓았습니다. 사용할 때에는 필요한 가닥 수만큼 가는 실을 1가닥씩 뽑아서 씁니다. 5번 자수실과 라메실은 1줄 그대로 필요한 길이만큼 잘라서 씁니다. 라메실 중에는 가는 6가닥을 꼬아 놓은 종류도 있는데, 이때에는 필요한 가닥 수로 나눠서 쓰기도 합니다(이 책에서는 라메실의 가는 가닥 수로 표기했습니다). 복합사에는 실패 모양으로 생긴 것, 타래 모양으로 생긴 것 등 제조사에 따라서 다양한 종류가 있지만, 마찬가지로 1가닥씩 뽑아서 사용할 가닥 수에 맞춰 사용합니다. 복합사 중에는 세탁하면 물이 빠지는 실도 있으므로, 탈색을 막는 법과 물이 빠졌을 때의 대처법 등을 매장에서 잘 확인한 뒤에 구입하세요.

❸ 자수틀

일반적으로는 원형 수틀을 사용합니다. 크기는 여러 가지가 있으며 8cm, 10cm, 12cm짜리 수틀이 쓰기 편합니다. 대부분 나사가 달려 있어서, 안쪽 틀(소) 위에 자수천을 놓고 그 위에 바깥 틀(대)을 끼운 뒤에 나사를 조여 줍니다. 천은 팽팽하게 끼우는 것보다 적당히 느슨해야 수놓기 쉽습니다. 수틀은 수놓으려고 하는 부분에 왼손 손가락이 닿을 수 있는 자리에 끼우는 것이 좋고, 왼손 손가락으로 보조하면서 수를 놓으면 쉽고 깔끔하게 수놓을 수 있습니다.

✳✳✳

❹ 바늘

자수용 바늘은 구멍이 가늘고 긴 것이 특징입니다. 바늘 길이와 굵기는 다양하지만 여기에서는 많이 사용하는 바늘을 골랐습니다. 그밖에도 다양한 종류가 있으므로 자수천 재질과 자수실 가닥 수에 맞춰서 사용하세요. 천의 올을 걸어주는 경우에는 바늘 끝이 뭉툭한 십자수용 바늘을 사용하면 수놓기가 쉽습니다.

• 바늘과 실의 관계

프랑스 자수 바늘		십자수 바늘	
6호	1~2가닥	24호	2~3가닥
4호	3~4가닥	20호	6~10가닥
2호	6~8가닥	18호	8~12가닥

❺ 도안 옮겨 그리는 법

천은 미리 세탁을 하여 수축시키고 덜 말랐을 때 다리미로 다려서 천의 가로세로 올 방향을 바로잡습니다. 천 가장자리는 시침실로 듬성듬성 감침질하여 가장자리가 풀리지 않도록 해 놓습니다. 트레이싱 페이퍼에 도안을 옮겨 그리고, 어떻게 배치할지 정하여 천 위에 도안을 올려놓습니다. 도안은 천의 결에 수직이 되도록 놓습니다.

도안과 천 사이에 수예용 먹지(차콜 페이퍼)를 끼우고 시침핀으로 고정합니다. 도안 위에 셀로판지를 겹치고 그 위에서 골필 등으로 도안을 따라 그립니다. 다 옮겨 그리면 빠뜨린 부분이 있는지 확인하고 시침핀을 뺍니다. 단, 부분적으로는 도안을 천에 옮겨 그리지 않고 직접 수놓는 것이 나을 때도 있습니다. 작은 꽃, 잎, 열매 등 세밀한 부분이나 테두리를 뚜렷하지 않게 놓는 것이 좋은 부분 등은 줄기 등 기준이 되는 도안만 옮겨 그리고, 해설과 사진을 참조하면서 적당하게 수놓는 것이 좋습니다. 천에 직접 그릴 수 있는 원단용 수성펜도 있으니 작품에 따라 이용해 보세요.

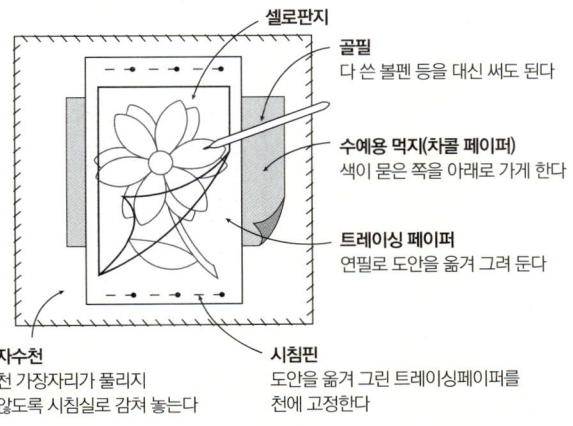

셀로판지

골필
다 쓴 볼펜 등을 대신 써도 된다

수예용 먹지(차콜 페이퍼)
색이 묻은 쪽을 아래로 가게 한다

트레이싱 페이퍼
연필로 도안을 옮겨 그려 둔다

자수천
천 가장자리가 풀리지
않도록 시침실로 감쳐 놓는다

시침핀
도안을 옮겨 그린 트레이싱페이퍼를
천에 고정한다

❻ 실 다루는 법

25번 자수실은 종이띠를 벗겨서 실을 고리 모양으로 감은 상태로 놓습니다(그림 ❶). 그 고리 안으로 왼손을 넣고 오른손으로는 실의 끝과 끝을 잡고 엉키지 않도록 고리를 풀어 줍니다(그림 ❷). 다 풀어서 절반 길이가 된 실을 다시 반으로 두 번 접어서 전체를 8등분 길이로 만든 뒤에 실을 자릅니다(그림 ❸). 자른 실을 실 번호가 적힌 종이띠에 다시 끼워 두면 배색이나 실을 추가할 때 편리합니다. 실을 사용할 때에는 번거롭더라도 사용할 가닥 수에 맞춰 실을 1가닥씩 뽑아서 가지런히 하여 사용합니다. 이때 실의 가운데를 잡고 뽑아내면 잘 엉키지 않아서 좋습니다. 실을 1가닥씩 뽑으면 올이 가지런하고 윤기도 없어지지 않아서, 수를 다 놓았을 때 예쁘게 완성됩니다(그림 ❹).

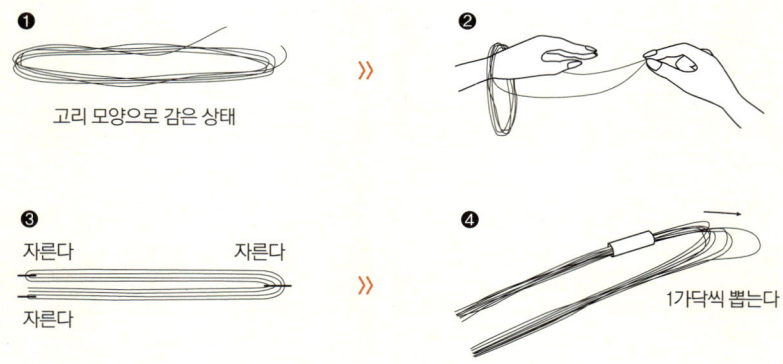

❶ 고리 모양으로 감은 상태

❸ 자른다   자른다   자른다

❹ 1가닥씩 뽑는다

❼ 실을 바늘에 끼우는 법

바늘을 왼손에 쥐고 오른손으로 실 끝을 잡습니다. 실을 바늘 머리에 댄 채로 실을 반 접습니다(그림 ❶). 엄지손가락과 집게손가락으로 실이 반 접힌 부분을 꼭 쥐고 바늘을 빼서, 실을 뾰족하게 접히도록 합니다(그림 ❷). 그대로 엄지손가락과 집게손가락을 조금 벌려서 실의 뾰족 나온 부분을 보이게 하여 바늘에 실을 끼웁니다(그림 ❸).

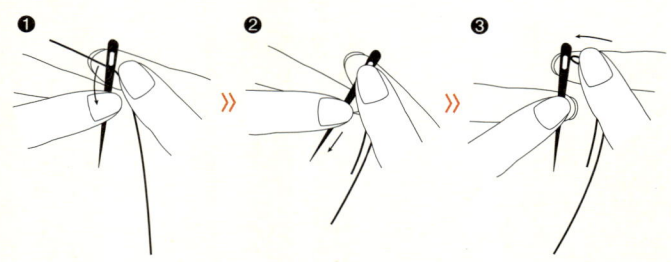

❽ 세탁

수를 놓은 뒤의 작품은 수예용 먹지 자국과 손때가 묻어 지저분하므로, 완성품으로 만들기 전이나 가공을 하기 전에 세탁을 합니다. 특히 먹지 자국은 열을 가하면 잘 지워지지 않을 때가 있으니, 반드시 다림질을 하기 전에 세탁을 하는 것이 좋습니다. 여기에서는 일반적인 세탁 방법을 소개합니다.

먼저 자수실이 풀리지 않도록 천 뒷면의 실을 잘 처리했는지 확인합니다. 수놓은 천을 한 번 물에 담근 뒤에 중성세제를 풀어서 살살 눌러가며 빨고 깨끗한 물로 여러 번 헹굽니다. 이때 만약 남은 염료가 나오더라도 당황해서 천을 물에서 꺼내지 말고, 색이 더 이상 빠지지 않을 때까지 물을 갈아가며 충분히 헹궈 줍니다. 탈수는 천을 접어서 수건 사이에 끼워 물기를 없애고, 풀을 살짝 먹입니다. 건조는 바람이 잘 통하는 그늘에서 말리고, 다림질은 스티치가 눌리지 않도록 담요 같은 부드러운 받침대에 놓고 뒷면에서 스팀을 쏘이면서 고온(섭씨 180~210도)으로 다립니다.

세탁소에 맡길 때에는 불소계 드라이클리닝이 가장 안전하지만, 이때에도 각 소재의 취급 방법에 따른 주의점을 이야기하고 맡깁니다.

🌼 아름답게 수를 놓으려면

- 도안을 천에 옮겨 그릴 때에는 도안이 비뚤어지거나 구부러지지 않도록 깔끔하게 옮겨 그리세요.
- 실을 당길 때에 너무 힘을 주거나 너무 느슨해지지 않도록 일정하게 수를 놓고, 스티치 크기를 고르게 맞춥니다.
- 윤곽선의 곡선 부분을 수놓을 때에는 스티치 땀 크기를 조금 작게 하면 깔끔합니다.
- 수를 놓는 사이에 바늘에 꿴 실이 점점 꼬이므로, 꼬인 실을 풀어 가며 수를 놓으세요.
- 몇 번씩 풀었던 실은 보풀이 일어서 자수가 예쁘게 완성되지 않습니다. 새 실로 바꿔서 수를 놓으세요.
- 천 뒷면에는 실이 길게 건너가지 않도록 합니다. 하나씩 매듭짓거나 먼저 수놓은 스티치 속으로 지나가게 하거나 묶으면서 실을 걸치는 게 좋습니다.

수놓는 법의
기본과 응용

작품을 만들 때 자주 나오는 기본적인 스티치를 소개합니다. 같은 종류의 스티치끼리 모아서 배열했습니다.
작품 해설에 나오는 스티치 기호는 각 스티치의 왼쪽 동그라미 안에 표시했습니다.

아우트라인 S

5는 2와 같은 바늘구멍

레이즈드 아우트라인 S

바늘을 조금 떨어진 곳으로 빼서
스티치에 너비를 준다

2번 감기 아우트라인 S

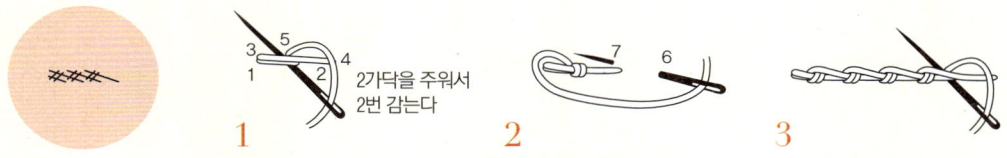

1 2가닥을 주워서
2번 감는다
2
3

스트레이트 S

백 S

더블 아우트라인 S

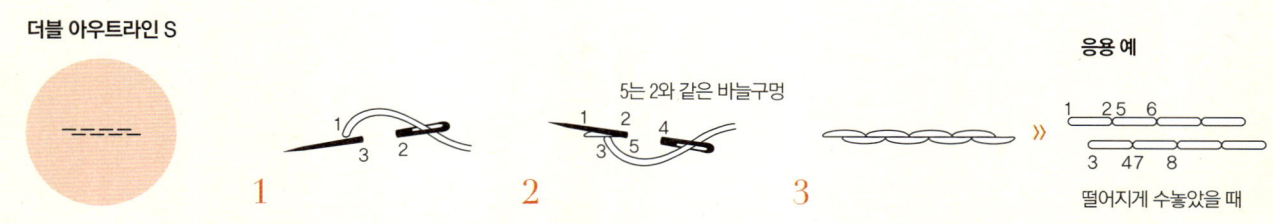

5는 2와 같은 바늘구멍

1
2
3

응용 예

떨어지게 수놓았을 때

34

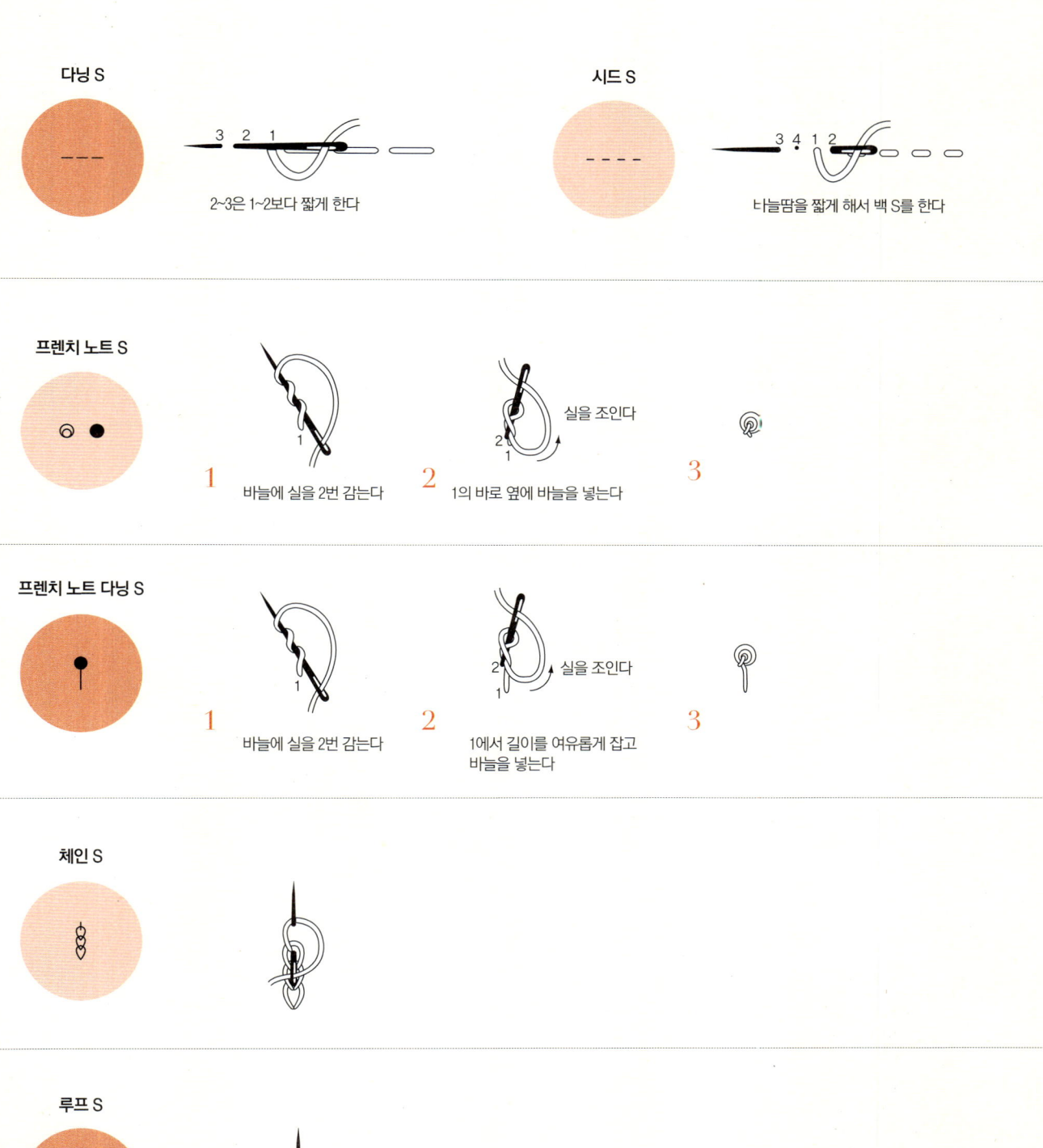

다닝 S

3 2 1

2~3은 1~2보다 짧게 한다

시드 S

3 4 1 2

바늘땀을 짧게 해서 백 S를 한다

프렌치 노트 S

1 바늘에 실을 2번 감는다

2 1의 바로 옆에 바늘을 넣는다 · 실을 조인다

3

프렌치 노트 다닝 S

1 바늘에 실을 2번 감는다

2 1에서 길이를 여유롭게 잡고 바늘을 넣는다 · 실을 조인다

3

체인 S

루프 S

1

2

3

플레인 노트 S

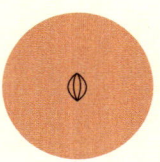

 1  2  3 같은 바늘구멍에 3번 수놓는다

롱 앤드 쇼트 S

 1  2  3 응용 예 »

새틴 S

 밑자수를 성글게 놓는다 1  2  3  4

크로스 S

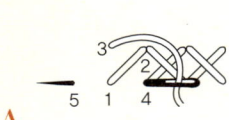 A 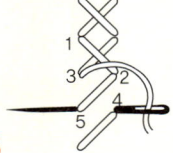 B

블리언 S

2~3보다 조금 길게 실을 감는다  1 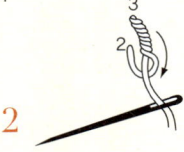 2  3

트라이앵글 블리언 S

3~4보다 조금 길게
실을 감는다

1

2

블리언 링 S

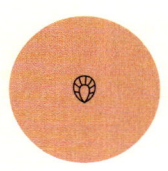

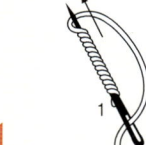

1

2

응용 예

블리언 로즈 S

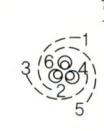
블리언 S를
12~13번 감는다

1

블리언 S를
14~15번 감는다

2

3

램블러 로즈 S

1

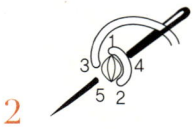

2

바늘은 언제나 가운데를
통과하도록 찌른다

3

4
바깥으로 갈수록
실을 느슨하게 당긴다

서피스 S

1

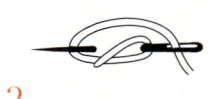

2

3

프리 S

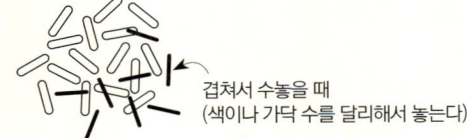

겹쳐서 수놓을 때
(색이나 가닥 수를 달리해서 놓는다)

저먼 노트 S

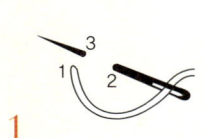

1

2

3

4

5

사각 저먼 노트 S

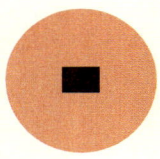

케이블 S

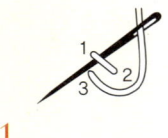

1

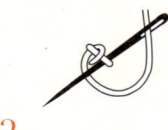

2

3

4

»

단독으로 수놓을 때

리프 S

1

2

3

레이지 데이지 S

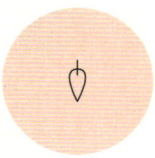 **1** 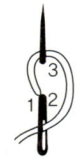 **2**  **응용 예**

오픈 레이지 데이지 S

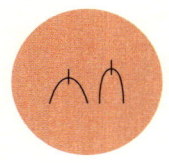 **1**  **2**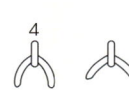

체인 다닝 S

 **1**  **2**  **응용 예** 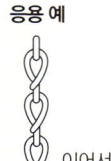 이어서 수놓을 때

체인 다닝 S의 응용 A

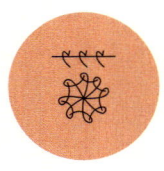  **응용 예**  바퀴살 모양으로 수놓았을 때

체인 다닝 S의 응용 B

 **1**  **2**  **3**

체인 다닝 S의 응용 C

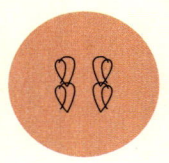

 1   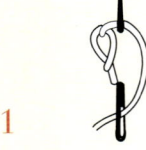 2   응용 예

체인 다닝 S의 응용 D

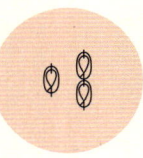

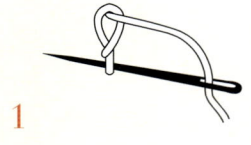 1    2   3

 »   응용 예
이어서 수놓을 때

체인 다닝 S에 프렌치 노트 S

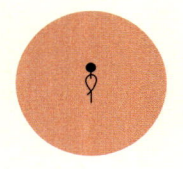

 1   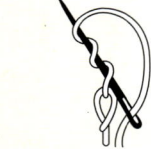 2    3

체인 다닝 S에 루프 S

 1    2    3

체인 다닝 S에 블리언 S

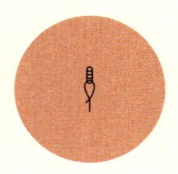

 1    2    3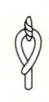

너츠 다닝 S

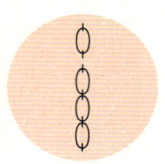

1

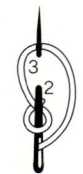
2

3

»

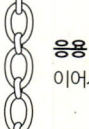
응용 예
이어서 수놓을 때

버튼홀 S

1

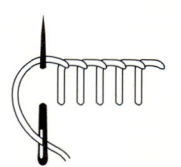
2

»

응용 예
버튼홀 S에 걸었을 때

응용 예
체인 다닝 S에 걸었을 때

버튼홀 S에 체인 1

실만 걸어서 체인을 1개 건다

버튼홀 S의 응용 A

1

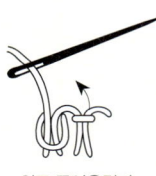
2   위로 끌어올린다

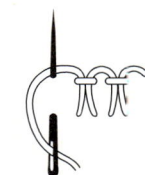
3

버튼홀 S의 응용 B

1

2

3   위로 끌어올린다

4

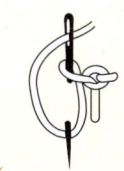
5

로제트 버튼홀 S

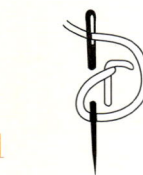

1

2 실만 건다

3

» 응용 예

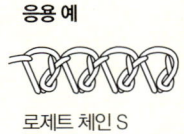

로제트 체인 S

라이팅 S

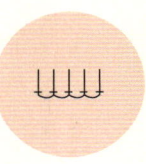

1

2 앞으로 당긴다

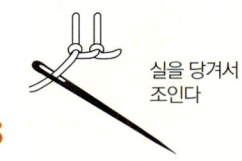

3 실을 당겨서
조인다

섀도 S

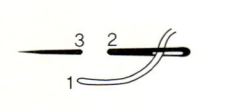

1

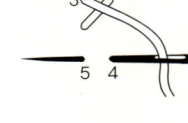

2

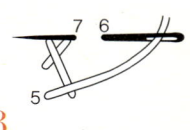

3 7은 2와 같은 바늘구멍
(천 뒷면에는 윤곽선을 따라 백 S가 이어진다)

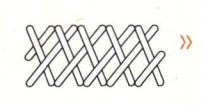

4

응용 예

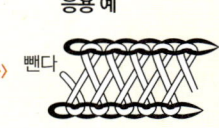

» 뺀다

체인 S에 걸었을 때

페더 S

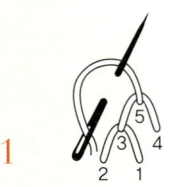

1

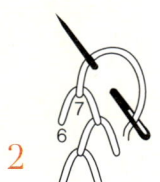

2

응용 예

» 뺀다

체인 S에 걸었을 때

응용 예

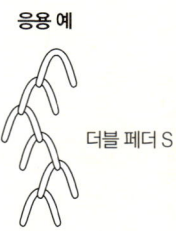

더블 페더 S

레이즈드 페더 S

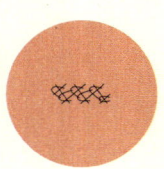

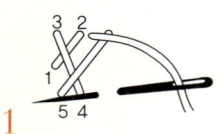

1

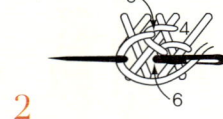

2

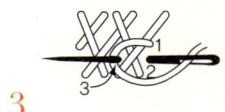

3

2칸 뜨기

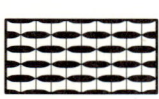

백 S로 한다

4칸 뜨기

벽 S로 한다

로프 모양 만들기

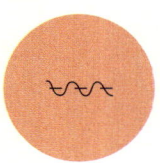

1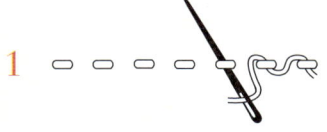

2

실을 통과시킨다

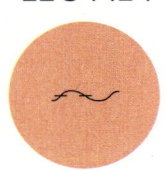

1

2

아일릿 워크

1 천 뒷면에서 송곳으로 구멍을 작게 뚫는다

2  구멍 둘레를 일정한 너비로 틈이 생기지 않게 촘촘하게 감친다

3

위빙 S

1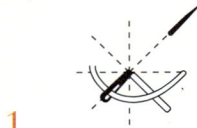

2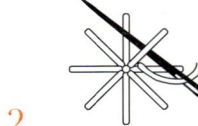

3

4

5  스트레이트 S에 위빙 S를 했을 때

응용 예

 레이지 데기지 S에 위빙 S를 했을 때

1.샘플러

Photo >> page.7

- 리넨 옥스퍼드 원단 흐린 황갈색
- 코스모 25번 자수실 분홍 1105, 초록 117 · 2117 · 118 · 2118 · 119, 316 · 317 · 2317 · 318 · 319, 326 · 328, 2631 · 632~635, 672~675, 921~925, 진한 갈색 127~129 · 2129, 노랑 140~142 · 144, 회색 2151 · 152~154, 2154, 472 · 474~477, 890~895, 파랑 163~166, 211 · 212, 521 · 522 · 524, 662 · 2662 · 663 · 2663 · 664 · 2664 · 667, 남청 171 · 173, 갈색 3185 · 186 · 2186 · 187 · 188, 305~307 · 2307 · 308~311 · 2311, 380 · 383 · 385, 425 · 426, 빨강 343 · 344 · 345, 회갈색 364 · 366~369, 712 · 714 · 715, 밝은 청록 372~374, 주황 406, 빨간 자주 482~485, 진한 붉은 자주 554, 터키블루 562 · 565, 노란 갈색 572~578, 와인색 2652 · 653 · 654, 올리브색 683~685, 금갈색 700 · 702, 밝은 회청색 732~734, 보라 761 · 763, 청록 843~845, 빨간 갈색 853~855, 회청색 981 · 2981 · 982 · 984, 흰색 500, 2500
- 코스모 마블 스레드(해설에서는 M으로 표기) 3, 4, 5, 8, 20, 38, 40, 47, 48
- 코스모 라메실(해설에서는 K로 표기) 1
- 코스모 마블 스레드는 코스모 시즌즈 그러데이션으로 대체 가능합니다.

* 알파벳과 숫자 수놓는 법은 모두 공통   * 별도 그림은 p.46~47 참조

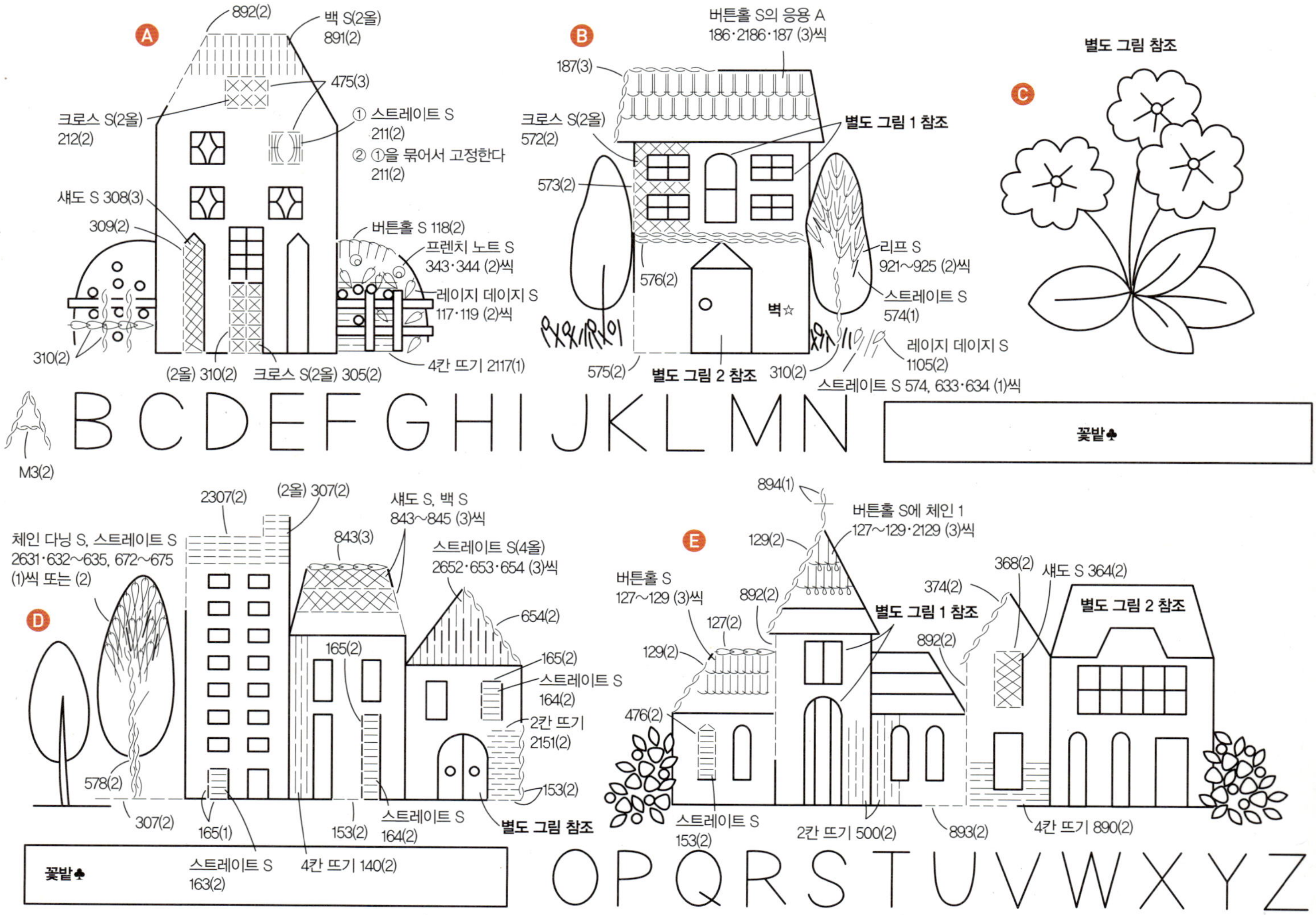

A
892(2)
백 S(2올) 891(2)
475(3)
크로스 S(2올) 212(2)
① 스트레이트 S 211(2)
② ①을 묶어서 고정한다 211(2)
셰도 S 308(3)
309(2)
버튼홀 S 118(2)
프렌치 노트 S 343·344 (2)씩
레이지 데이지 S 117·119 (2)씩
310(2)
(2올) 310(2)   크로스 S(2올) 305(2)
4칸 뜨기 2117(1)

B
버튼홀 S의 응용 A 186·2186·187 (3)씩
187(3)
크로스 S(2올) 572(2)
573(2)
별도 그림 1 참조
576(2)
벽☆
575(2)
별도 그림 2 참조
리프 S 921~925 (2)씩
스트레이트 S 574(1)
레이지 데이지 S 1105(2)
310(2)
스트레이트 S 574, 633·634 (1)씩

C
별도 그림 참조

꽃밭♣

A B C D E F G H I J K L M N

M3(2)

D
체인 다닝 S, 스트레이트 S 2631·632~635, 672~675 (1)씩 또는 (2)
2307(2)
(2올) 307(2)
843(3)
셰도 S, 백 S 843~845 (3)씩
스트레이트 S(4올) 2652·653·654 (3)씩
654(2)
165(2)
165(2)
스트레이트 S 164(2)
2칸 뜨기 2151(2)
153(2)
578(2)
307(2)
165(1)
153(2)
스트레이트 S 164(2)
별도 그림 참조
스트레이트 S 163(2)
4칸 뜨기 140(2)

꽃밭♣

E
894(1)
129(2)
버튼홀 S에 체인 1 127~129·2129 (3)씩
버튼홀 S 127~129 (3)씩
127(2)
892(2)
129(2)
476(2)
892(2)
374(2)
별도 그림 1 참조
892(2)
368(2)
셰도 S 364(2)
별도 그림 2 참조
스트레이트 S 153(2)
2칸 뜨기 500(2)
893(2)
4칸 뜨기 890(2)

O P Q R S T U V W X Y Z

◆ p.45로 이어짐

p.44에서 이어짐

별도 그림 참조

F

G

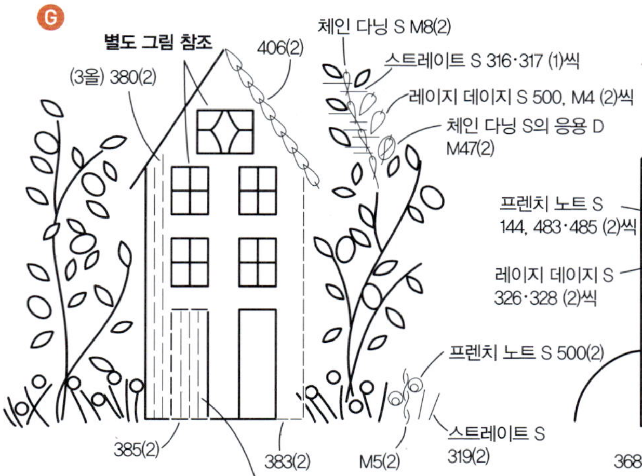

별도 그림 참조

406(2)

체인 다닝 S M8(2)

스트레이트 S 316·317 (1)씩

레이지 데이지 S 500, M4 (2)씩

체인 다닝 S의 응용 D M47(2)

(3올) 380(2)

프렌치 노트 S 144, 483·485 (2)씩

레이지 데이지 S 326·328 (2)씩

프렌치 노트 S 500(2)

스트레이트 S 319(2)

M5(2)

385(2)

383(2)

4칸 뜨기 위에서부터 2981(2), 981(1)

H

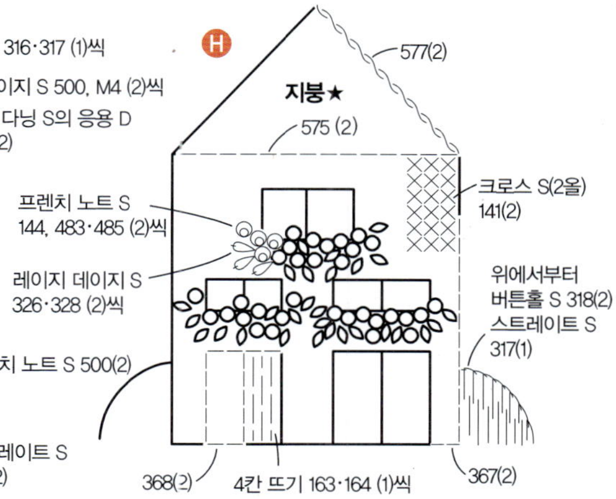

577(2)

지붕★

575 (2)

크로스 S(2올) 141(2)

위에서부터 버튼홀 S 318(2) 스트레이트 S 317(1)

368(2)

4칸 뜨기 163·164 (1)씩

367(2)

꽃밭♣

1 2 3 4 5 6 7 8 9 10

I

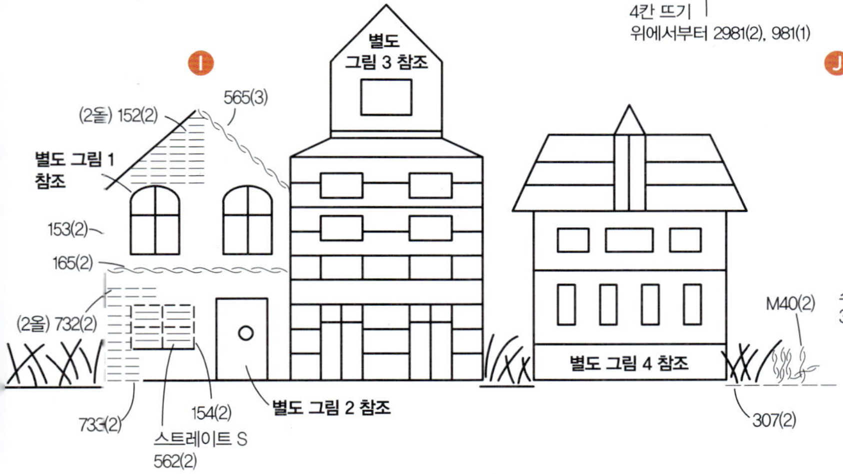

(2올) 152(2)

565(3)

별도 그림 3 참조

별도 그림 1 참조

153(2)

165(2)

(2올) 732(2)

733(2)

154(2)

스트레이트 S 562(2)

별도 그림 2 참조

별도 그림 4 참조

M40(2)

307(2)

J

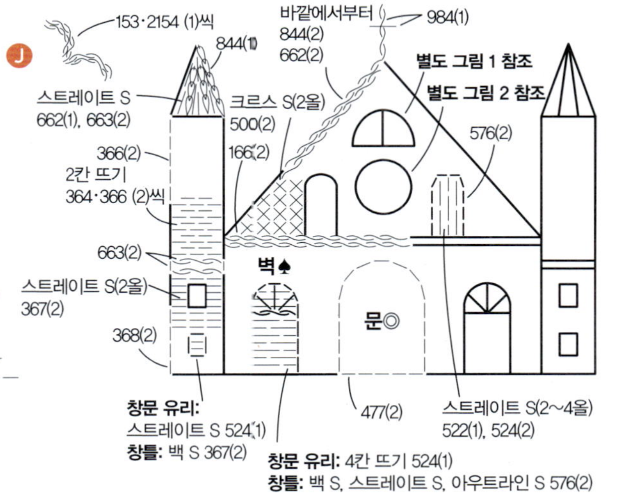

153·2154 (1)씩

844(1①)

바깥에서부터 844(2) 662(2)

984(1)

별도 그림 1 참조

스트레이트 S 662(1), 663(2)

크로스 S(2올) 500(2)

별도 그림 2 참조

576(2)

366(2)

2칸 뜨기 364·366 (2)씩

166(2)

663(2)

스트레이트 S(2올) 367(2)

368(2)

벽♠

문◎

477(2)

스트레이트 S(2~4올) 522(1), 524(2)

창문 유리: 스트레이트 S 524(1) **창틀:** 백 S 367(2)

창문 유리: 4칸 뜨기 524(1) **창틀:** 백 S, 스트레이트 S, 아웃트라인 S 576(2)

B 벽☆

① 가로로 수놓는다 575(3)
② 세로로 그 위에 백 S 573(2)

꽃밭♣

스트레이트 S 632(2)

스트레이트 S 702, K1 (2)씩

케이블 S M20, M38, M48 (2)씩

크로스 S, 스트레이트 S 308(2)

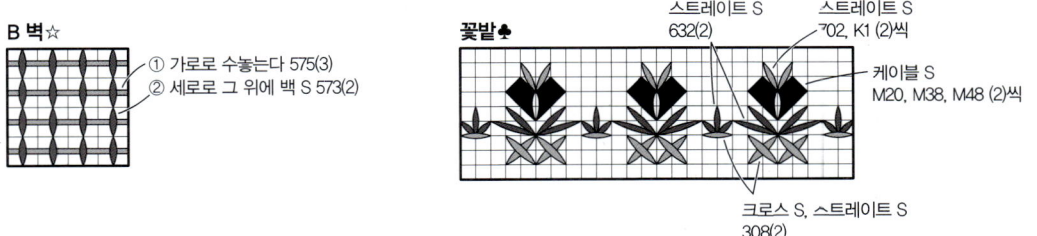

B 별도 그림 1

크로스 S(1올)
144, 326, 345,
374(2)씩

734(2)
734(1)
732(1)
734(2)
211(2)

B 별도 그림 2

케이블 S
311(3)

아래에서부터
버튼홀 S 3185(2)
스트레이트 S 186(1)

310(2)

스트레이트 S 309(2)

① 세로로 수놓는다
684(3)
② 가로로 그 위에
백 S 2118(2)

2118(2)

C 별도 그림

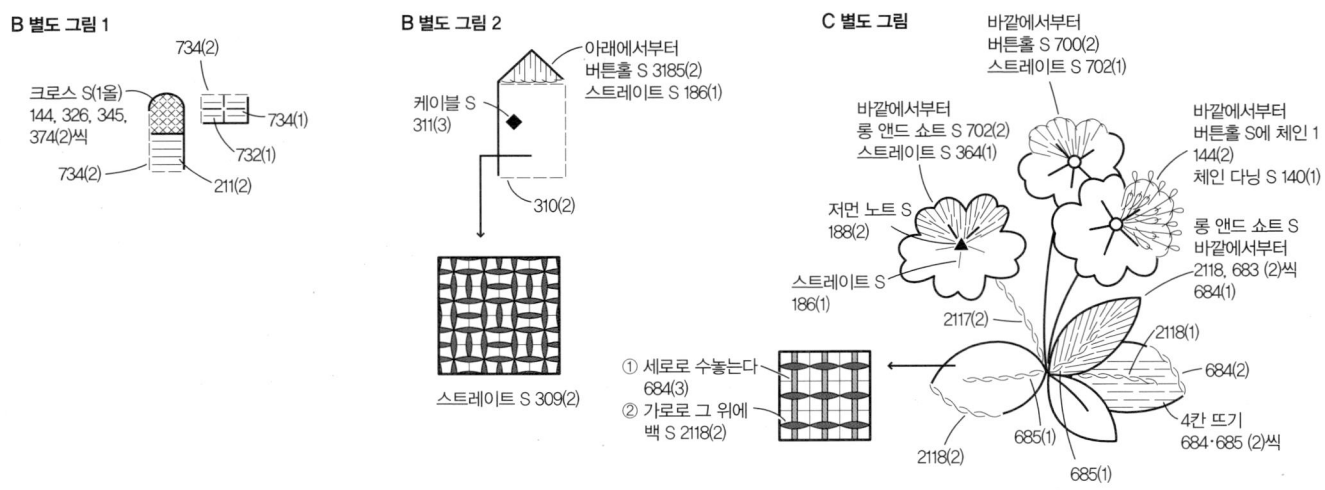

바깥에서부터
버튼홀 S 700(2)
스트레이트 S 702(1)

바깥에서부터
롱 앤드 쇼트 S 702(2)
스트레이트 S 364(1)

바깥에서부터
버튼홀 S에 체인 1
144(2)
체인 다닝 S 140(1)

롱 앤드 쇼트 S
바깥에서부터
2118, 683 (2)씩
684(1)

저먼 노트 S
188(2)

스트레이트 S
186(1)

2117(2)

2118(1)

684(2)

4칸 뜨기
684·685 (2)씩

685(1)

685(1)

D 별도 그림

426(2)

① 버튼홀 S 425(2)
② 프렌치 노트 S 426(2)

E 별도 그림 1

475(2)

스트레이트 S 153(2)
스트레이트 S 152(1)

477(2)

① 셰도 S 475(2)
② 백 S 477(2)

E 별도 그림 2

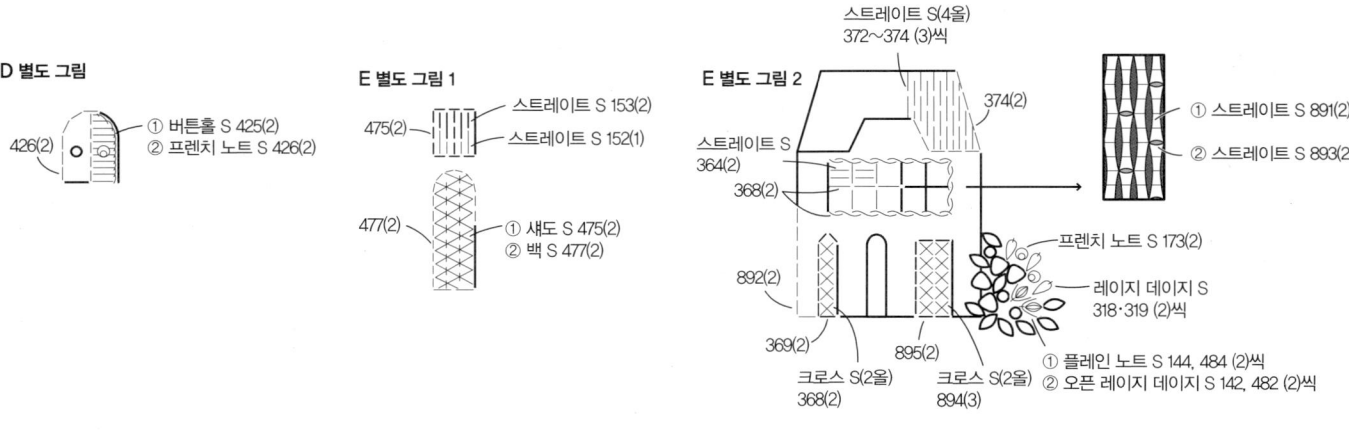

스트레이트 S(4올)
372~374 (3)씩

374(2)

스트레이트 S
364(2)

368(2)

892(2)

369(2)

895(2)

크로스 S(2올)
368(2)

크로스 S(2올)
894(3)

① 스트레이트 S 891(2)
② 스트레이트 S 893(2)

프렌치 노트 S 173(2)

레이지 데이지 S
318·319 (2)씩

① 플레인 노트 S 144, 484 (2)씩
② 오픈 레이지 데이지 S 142, 482 (2)씩

F 별도 그림

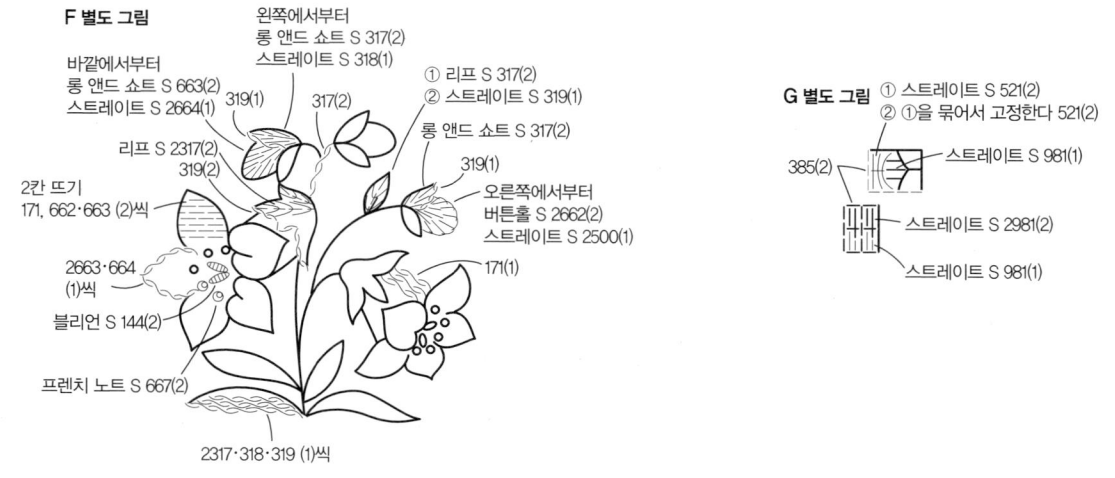

왼쪽에서부터
롱 앤드 쇼트 S 317(2)
스트레이트 S 318(1)

바깥에서부터
롱 앤드 쇼트 S 663(2)
스트레이트 S 2664(1)

319(1)

317(2)

리프 S 2317(2)
319(2)

2칸 뜨기
171, 662·663 (2)씩

2663·664
(1)씩

블리언 S 144(2)

프렌치 노트 S 667(2)

2317·318·319 (1)씩

① 리프 S 317(2)
② 스트레이트 S 319(1)

롱 앤드 쇼트 S 317(2)

319(1)

오른쪽에서부터
버튼홀 S 2662(2)
스트레이트 S 2500(1)

171(1)

G 별도 그림

① 스트레이트 S 521(2)
② ①을 묶어서 고정한다 521(2)

385(2)

스트레이트 S 981(1)

스트레이트 S 2981(2)

스트레이트 S 981(1)

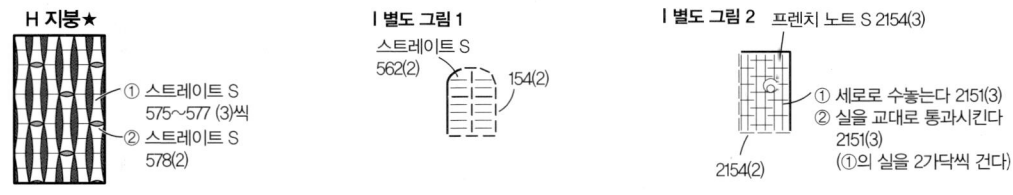

H 지붕★

① 스트레이트 S
575~577 (3)씩
② 스트레이트 S
578(2)

I 별도 그림 1

스트레이트 S
562(2)
154(2)

I 별도 그림 2 프렌치 노트 S 2154(3)

① 세로로 수놓는다 2151(3)
② 실을 교대로 통과시킨다
2151(3)
(①의 실을 2가닥씩 건다)

2154(2)

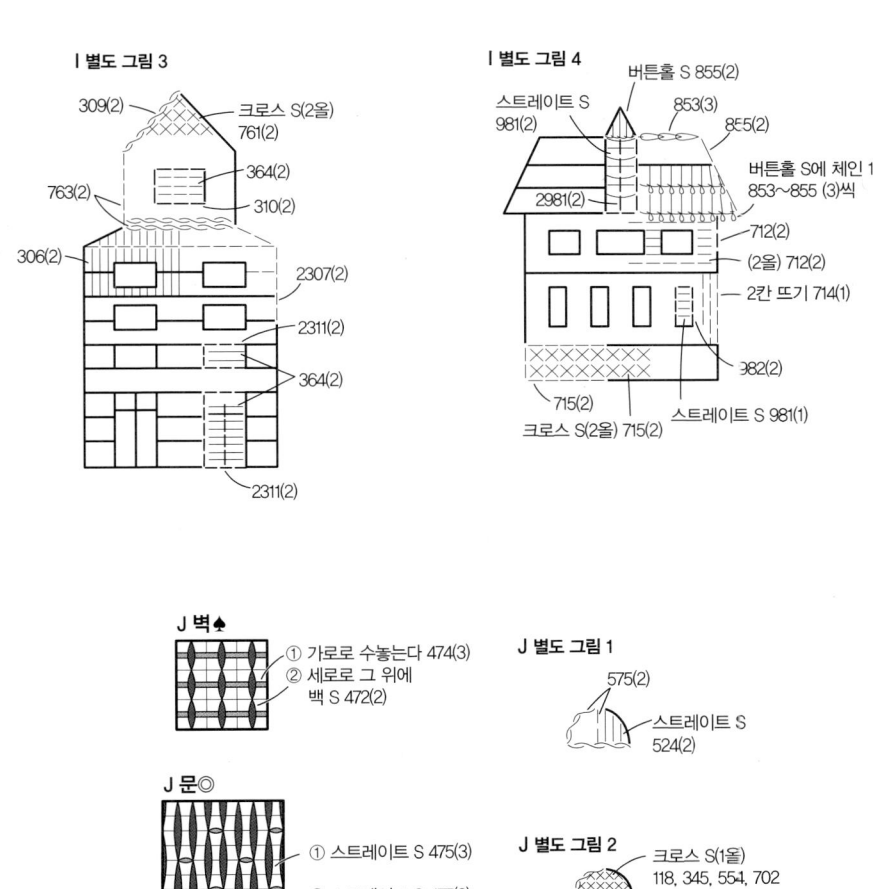

I 별도 그림 3

309(2)
크로스 S(2올)
761(2)
364(2)
763(2)
310(2)
306(2)
2307(2)
2311(2)
364(2)
2311(2)

I 별도 그림 4 버튼홀 S 855(2)

스트레이트 S
981(2)
853(3)
855(2)
버튼홀 S에 체인 1
853~855 (3)씩
2981(2)
712(2)
(2올) 712(2)
2칸 뜨기 714(1)
382(2)
715(2)
스트레이트 S 981(1)
크로스 S(2올) 715(2)

J 벽♠

① 가로로 수놓는다 474(3)
② 세로로 그 위에
백 S 472(2)

J 별도 그림 1

575(2)
스트레이트 S
524(2)

J 문◎

① 스트레이트 S 475(3)
② 스트레이트 S 477(2)

J 별도 그림 2

크로스 S(1올)
118, 345, 554, 702
(2)씩
575(1)
스트레이트 S 524(2)

2.태피스트리

Sweet Home

Photo >> page.8

- 면 옥스퍼드 원단 베이지 20cm×50cm, 뒷감용 면 원단 베이지 20cm×50cm, 접착심지 20cm×50cm
- 코스모 25번 자수실 분홍 104·2105, 초록 117·118, 317·2317·318·319, 323·2323·324~327, 630·631·2631·632~634, 진한 갈색 127~129·2129·130, 노랑 142~146, 299~301, 파랑 162·163, 410~412·2412, 남청 171·172·2172 ·173, 보라 261·262·2262·263~266, 갈색 305~307·2307·308·310, 381~384·386, 회갈색 365~367, 712·715, 주황 440~443, 빨간 자주 480~484, 노란 갈색 572~574, 밝은 회청색 731·733, 청록 842·843·845, 흰색 500
- 15cm 너비 나무봉 1개, 면 태슬 베이지 1개

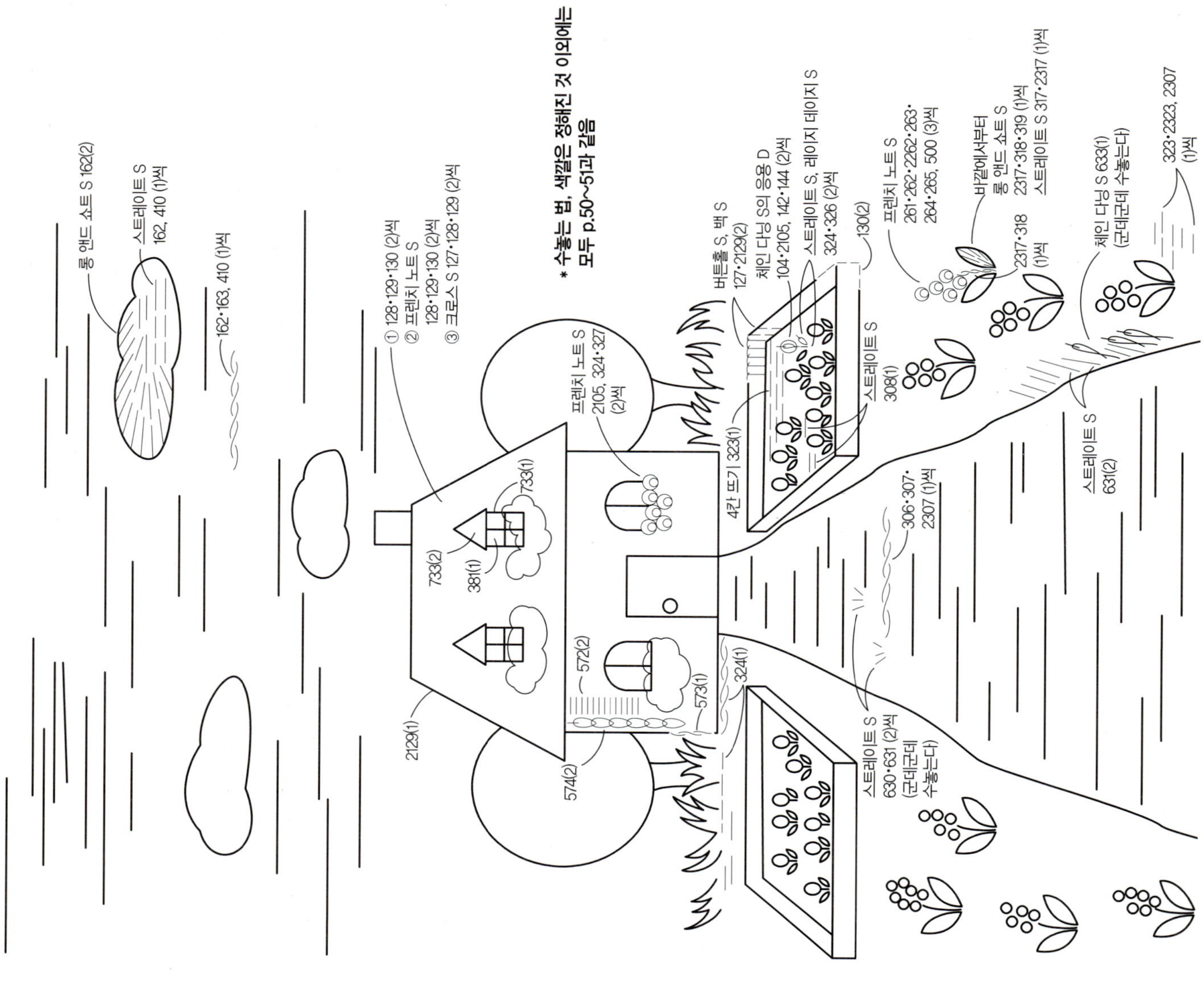

롱 앤드 쇼트 S 162(2)

스트레이트 S
162, 410 (1)씩

162·163, 410 (1)씩

① 128·129·130 (2)씩
② 프렌치 노트 S
128·129·130 (2)씩
③ 크로스 S 127·128·129 (2)씩

※ 수놓는 법, 색깔은 정해진 것 이외에는 모두 p.50~5l과 같음

프렌치 노트 S
2105, 324·327
(2)씩

733(1)

733(2)

38(1)

2129(1)

572(2)

574(2)

573(1)

324(1)

버튼홀 S, 백 S
127·2129(2)

체인 다넝 S의 응용 D
104·2105, 142·144 (2)씩
스트레이트 S, 레이지 데이지 S
324·326 (2)씩

130(2)

4칸 또기 323(1)

스트레이트 S
308(1)

프렌치 노트 S
261·262·2262·263·
264·265, 500 (3)씩

바깥에서부터
롱 앤드 쇼트 S
2317·318·319 (1)씩
스트레이트 S 317·2317 (1)씩

2317·318
(1)씩

306·307·
2307 (1)씩

체인 다넝 S 633(1)
(군데군데 수놓는다)

323·2323, 2307
(1)씩

스트레이트 S
631(2)

스트레이트 S
630·631 (2)씩
(군데군데
수놓는다)

48

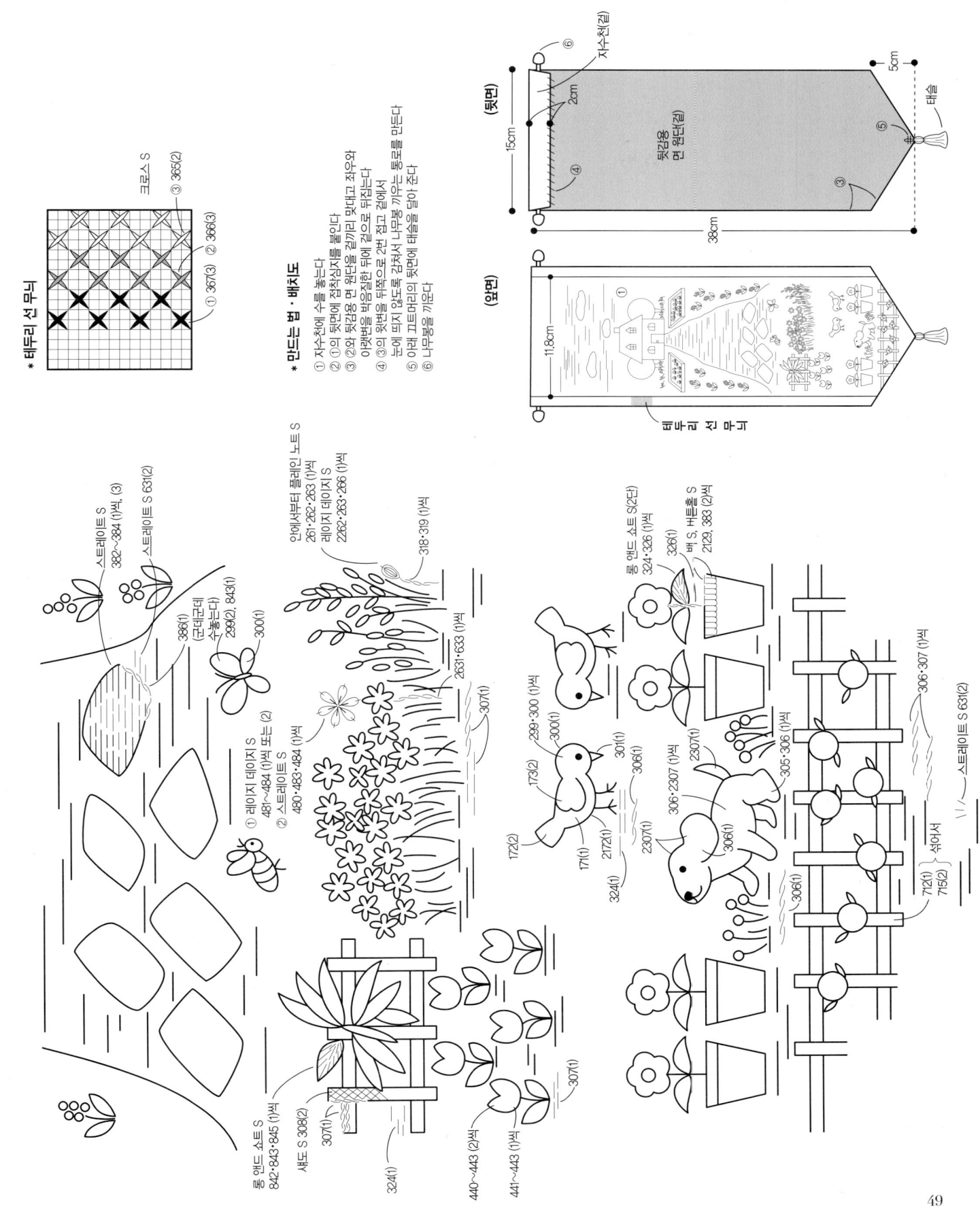

* 테두리 선 무늬

크로스 S
③ 365(2)
① 367(3) ② 366(3)

* 만드는 법 · 배치도

① 자수천에 수를 놓는다
② ①의 뒷면에 접착심지를 붙인다
③ ②의 뒷감용 면 원단을 겉끼리 맞대고 좌우와
이랫변을 박음질한 뒤에 겉으로 뒤집는다
④ ③의 윗변을 박음질한 뒤에 접고 겉에서
눈에 띄지 않도록 감쳐서 나무봉 끼우는 통로를 만든다
⑤ 아래 끄트머리의 뒷면에 태슬을 달아 준다
⑥ 나무봉을 끼운다

(뒷면)

⑥ ── 자수천(겉)

⑤

④ ③

15cm

2cm

뒷감용
면 원단(겉)

5cm

태슬

38cm

(앞면)

11.8cm

①

테두리 선 마감

스트레이트 S
382~384 (1)씩, (3)
스트레이트 S 631(2)

386(1)
(군데군데
수놓는다)
299(2), 843(1)
300(1)

① 레이지 데이지 S
481~484 (1)씩 또는 (2)
② 스트레이트 S
480·483·484 (1)씩

안에서부터 플레인 노트 S
261·262·263 (1)씩 / 레이지 데이지 S
2262·263·266 (1)씩

318·319 (1)씩

2631·633 (1)씩

307(1)

롱 앤드 쇼트 S
842·843·845 (1)씩
새도 S 308(2)

307(1)

324(1)

440~443 (2)씩
441~443 (1)씩

307(1)

롱 앤드 쇼트 S(2단)
324·326 (1)씩
326(1)

299·300 (1)씩
300(1)

301(1)

306(1)

173(2)

172(2)

171(1)

2172(1)

324(1)

2307(1)

306·2307 (1)씩

305·306 (1)씩

306(1)

230(1)

2307(1)

306(1)

백 S, 버튼홀 S
2129, 383 (2)씩

306·307 (1)씩

스트레이트 S 631(2)

712(1) 섞어서
715(2)

49

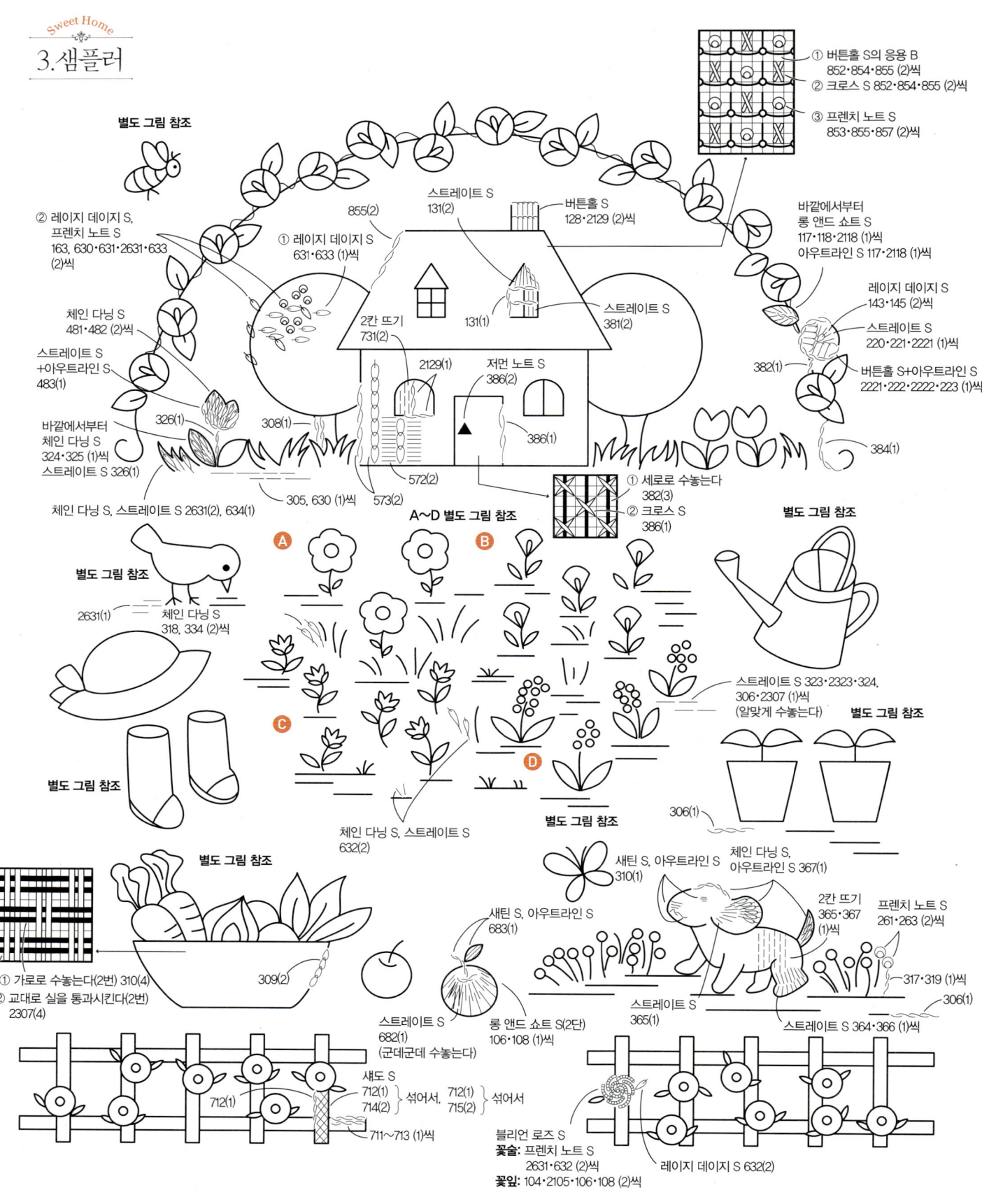

별도 그림 참조

① 버튼홀 S의 응용 B
852·854·855 (2)씩
② 크로스 S 852·854·855 (2)씩
③ 프렌치 노트 S
853·855·857 (2)씩

② 레이지 데이지 S,
프렌치 노트 S
163, 630·631·2631·633
(2)씩

① 레이지 데이지 S
631·633 (1)씩

스트레이트 S
131(2)

855(2)

버튼홀 S
128·2129 (2)씩

바깥에서부터
롱 앤드 쇼트 S
117·118·2118 (1)씩
아웃라인 S 117·2118 (1)씩

체인 다닝 S
481·482 (2)씩

131(1)

2칸 뜨기
731(2)

스트레이트 S
381(2)

레이지 데이지 S
143·145 (2)씩

스트레이트 S
+아웃라인 S
483(1)

2129(1)

저면 노트 S
386(2)

스트레이트 S
220·221·2221 (1)씩

버튼홀 S+아웃트라인 S
2221·222·2222·223 (1)씩

바깥에서부터
체인 다닝 S
324·325 (1)씩
스트레이트 S 326(1)

326(1)

308(1)

386(1)

382(1)

384(1)

체인 다닝 S, 스트레이트 S 2631(2), 634(1)

305, 630 (1)씩

572(2)

573(2)

① 세로로 수놓는다
382(3)
② 크로스 S
386(1)

별도 그림 참조

A~D 별도 그림 참조

별도 그림 참조

2631(1)

체인 다닝 S
318, 334 (2)씩

Ⓐ

Ⓑ

Ⓒ

Ⓓ

스트레이트 S 323·2323·324,
306·2307 (1)씩
(알맞게 수놓는다)

별도 그림 참조

별도 그림 참조

체인 다닝 S, 스트레이트 S
632(2)

306(1)

306(1)

별도 그림 참조

별도 그림 참조

새틴 S, 아웃라인 S
310(1)

체인 다닝 S,
아웃라인 S 367(1)

새틴 S, 아웃라인 S
683(1)

2칸 뜨기
365·367
(1)씩

프렌치 노트 S
261·263 (2)씩

① 가로로 수놓는다(2번) 310(4)
② 교대로 실을 통과시킨다(2번)
2307(4)

309(2)

317·319 (1)씩

스트레이트 S
365(1)

306(1)

스트레이트 S 364·366 (1)씩

스트레이트 S
682(1)
(군데군데 수놓는다)

롱 앤드 쇼트 S(2단)
106·108 (1)씩

712(1)

섀도 S
712(1)
714(2) 섞어서, 712(1)
715(2) 섞어서

711~713 (1)씩

블리언 로즈 S
꽃술: 프렌치 노트 S
2631·632 (2)씩
꽃잎: 104·2105·106·108 (2)씩

레이지 데이지 S 632(2)

- 면 옥스퍼드 원단 아이보리
- 코스모 25번 자수실 분홍 104·105·2105·106·108, 초록 117·118·2118, 317·318·319, 323·2323·324~326, 334, 630·631·2631·632~634, 진한 갈색 126·128·2129·131, 노랑 143·145·146, 299·300·302, 파랑 162~164, 411·412·2412, 662·663·2663, 장미색 220·221·2221·222·2222·223, 진한 빨강 241·2241, 보라 261·262·263·265, 갈색 305·306·2307·308~310, 381~384·386, 회갈색 364~367, 711~715, 주황 405, 442·443, 빨간 자주 481~483, 노란 갈색 572·573, 올리브색 682·683, 밝은 회청색 731, 청록 844, 빨간 갈색 852~855·857, 베이지 1000, 흰색 500

벌 별도 그림

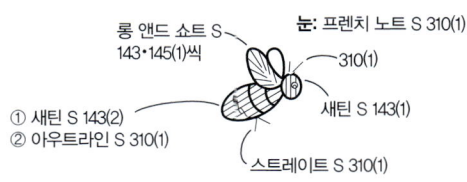

눈: 프렌치 노트 S 310(1)

롱 앤드 쇼트 S
143·145(1)씩

310(1)

① 새틴 S 143(2)
② 아우트라인 S 310(1)

새틴 S 143(1)

스트레이트 S 310(1)

새 별도 그림

눈: 프렌치 노트 S 310(1)

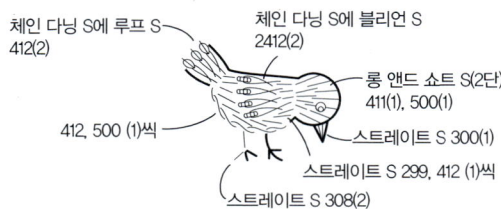

체인 다닝 S에 루프 S
412(2)

체인 다닝 S에 블리언 S
2412(2)

롱 앤드 쇼트 S(2단)
411(1), 500(1)

412, 500 (1)씩

스트레이트 S 300(1)

스트레이트 S 299, 412 (1)씩

스트레이트 S 308(2)

물뿌리개 별도 그림

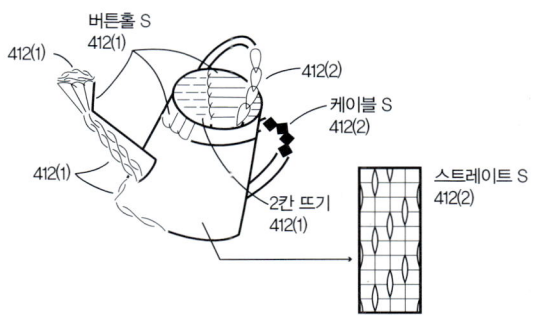

버튼홀 S
412(1)

412(1)

412(2)

케이블 S
412(2)

412(1)

2칸 뜨기
412(1)

스트레이트 S
412(2)

꽃밭 별도 그림

A

버튼홀 S
143·145 (2)씩

프렌치 노트 S
145·146 (2)씩

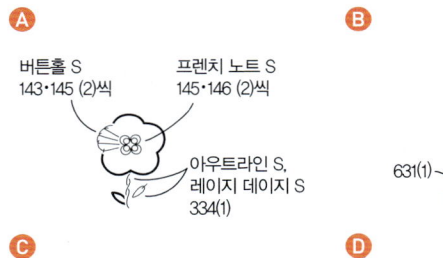

아우트라인 S,
레이지 데이지 S
334(1)

B

바깥에서부터
트라이앵글 블리언 S
105·106·108 (2)씩
프렌치 노트 다닝 S 323(2)

레이지 데이지 S
632(2)

631(1)

C

레이지 데이지 S
442·443 (2)씩

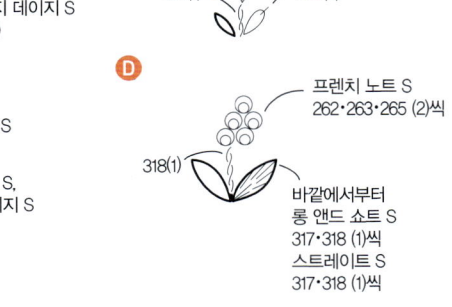

아우트라인 S,
레이지 데이지 S
631(1)

새틴 S(밑자수 없음)
631(1)

D

프렌치 노트 S
262·263·265 (2)씩

318(1)

바깥에서부터
롱 앤드 쇼트 S
317·318 (1)씩
스트레이트 S
317·318 (1)씩

화분 별도 그림

롱 앤드 쇼트 S(2단)
324·326 (1)씩

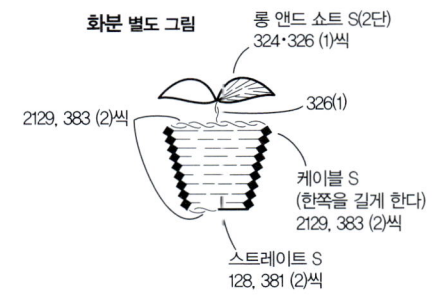

326(1)

2129, 383 (2)씩

케이블 S
(한쪽을 길게 한다)
2129, 383 (2)씩

스트레이트 S
128, 381 (2)씩

나비 별도 그림

롱 앤드 쇼트 S(2단)
300(2), 844(1)

아우트라인 S,
스트레이트 S
384(1)

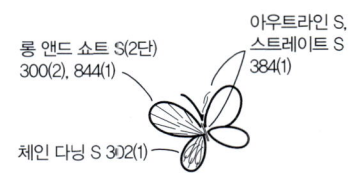

체인 다닝 S 302(1)

모자, 장화 별도 그림

241(2)

새틴 S
(밑자수 없음)
2663(2)

663(2)

체인 다닝 S에 블리언 S
2241(2)

164(1)

2칸 뜨기
162(2)

버튼홀 S 163(1)

① ② ③ ④

① 사선으로 수놓는다 662(3)
② 사선으로 수놓는다 662(3)
③ 사선으로 수놓는다 241(3)
④ 교대로 실을 통과시킨다 241(3)

채소 별도 그림

2631·632·633 (1)씩

126·128·2129,
1000 (˙)씩

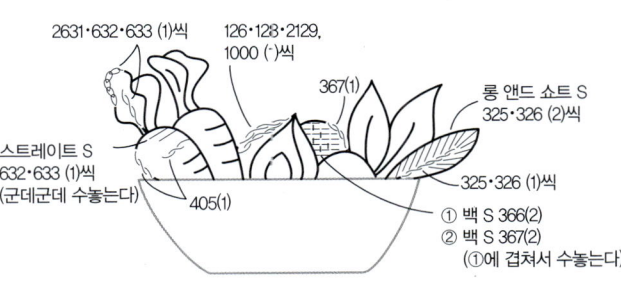

367(1)

롱 앤드 쇼트 S
325·326 (2)씩

스트레이트 S
632·633 (1)씩
(군데군데 수놓는다)

325·326 (1)씩

405(1)

① 백 S 366(2)
② 백 S 367(2)
(①에 겹쳐서 수놓는다)

51

4.샘플러

* 도안 1~7은 별도 그림 참고

❶

❷

❸

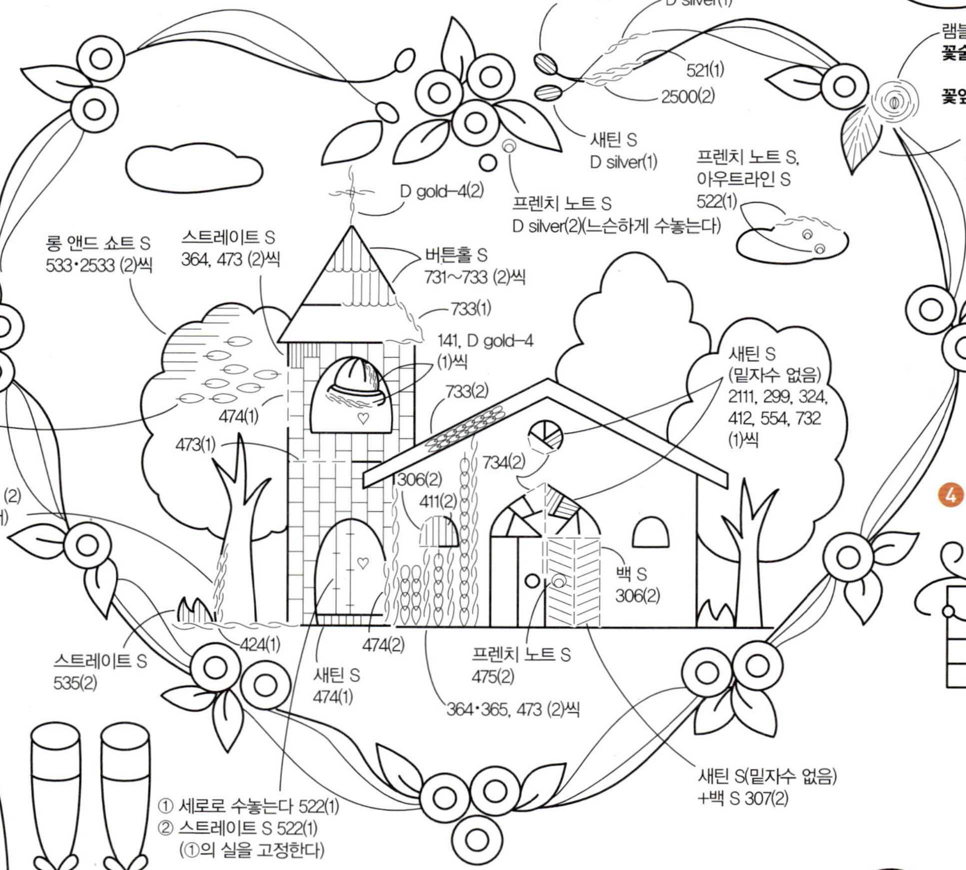

새틴 S
2500(2)

D silver(1)

521(1)

2500(2)

새틴 S
D silver(1)

프렌치 노트 S,
아우트라인 S
522(1)

램블러 로즈 S
꽃술: 프렌치 노트 S
102·103 (3)씩
꽃잎: 102·103, 2500 (3)씩

바깥에서부터
롱 앤드 쇼트 S 534(2)
백 S 535(2)

D gold-4(2)

프렌치 노트 S
D silver(2)(느슨하게 수놓는다)

롱 앤드 쇼트 S
533·2533 (2)씩

스트레이트 S
364, 473 (2)씩

버튼홀 S
731~733 (2)씩

733(1)

141, D gold-4
(1)씩

733(2)

새틴 S
(밑자수 없음)
2111, 299, 324,
412, 554, 732
(1)씩

레이지 데이지 S
533·2533
(1)씩 또는 (2)

474(1)

473(1)

306(2)
411(2)

734(2)

382~384(1)이나 (2)
(단색이나 섞어서)

백 S
306(2)

❹

❺

스트레이트 S
535(2)

424(1)

474(2)

새틴 S
474(1)

프렌치 노트 S
475(2)

364·365, 473 (2)씩

새틴 S(밑자수 없음)
+백 S 307(2)

① 세로로 수놓는다 522(1)
② 스트레이트 S 522(1)
　(①의 실을 고정한다)

❻

❼

- 리넨 원단 밝은 회색
- 코스모 25번 자수실 분홍 102~105, 2111, 노랑 141 · 142 · 144, 299, 회색 151 · 152 · 153, 473~475, 장미색 2221, 진한 빨강 2241, 갈색 306 · 307, 382~384, 424, 초록 317 · 2317, 324 · 328, 533 · 2533 · 534 · 535 · 2535 · 536, 빨강 340, 회갈색 364 · 365 · 368, 파랑 411 · 412, 521 · 522, 빨간 갈색 461, 진한 붉은 자주 551 · 554, 올리브색 682 · 685, 밝은 회청색 731~734, 노란 갈색 771, 베이지 1000, 흰색 2500
- 마데이라 라메실(해설에서는 D로 표기) silver, gold-4

1 별도 그림

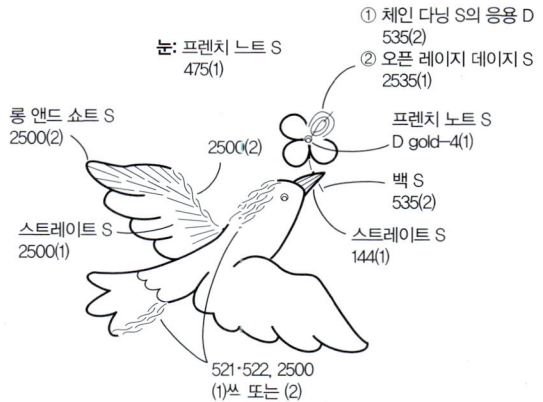

눈: 프렌치 느트 S
475(1)

① 체인 다닝 S의 응용 D
535(2)
② 오픈 레이지 데이지 S
2535(1)

롱 앤드 쇼트 S
2500(2)

2500(2)

프렌치 노트 S
D gold-4(1)

백 S
535(2)

스트레이트 S
2500(1)

스트레이트 S
144(1)

521 · 522, 2500
(1)쓰 또는 (2)

2 별도 그림

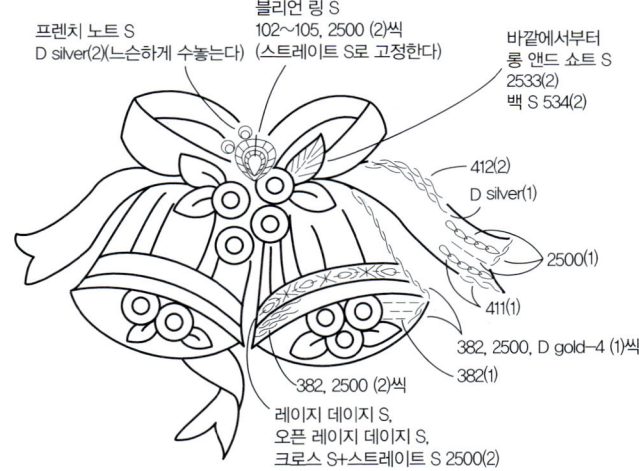

프렌치 노트 S
D silver(2)(느슨하게 수놓는다)

블리언 링 S
102~105, 2500 (2)씩
(스트레이트 S로 고정한다)

바깥에서부터
롱 앤드 쇼트 S
2533(2)
백 S 534(2)

412(2)
D silver(1)

2500(1)

411(1)

382, 2500, D gold-4 (1)씩

382(1)

382, 2500 (2)씩

레이지 데이지 S,
오픈 레이지 데이지 S,
크로스 S+스트레이트 S 2500(2)

3 별도 그림

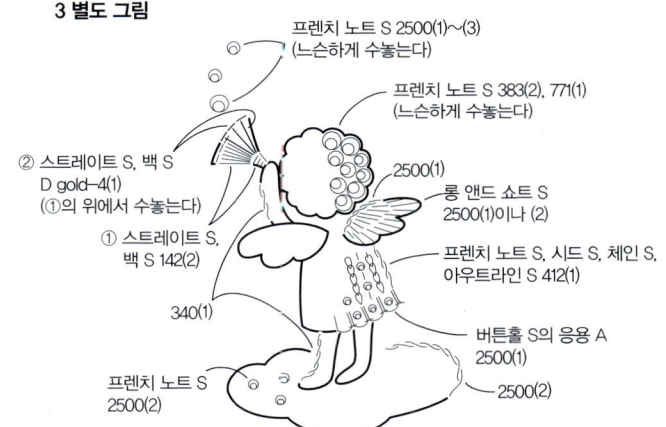

프렌치 노트 S 2500(1)~(3)
(느슨하게 수놓는다)

프렌치 노트 S 383(2), 771(1)
(느슨하게 수놓는다)

② 스트레이트 S, 백 S
D gold-4(1)
(①의 위에서 수놓는다)

2500(1)

롱 앤드 쇼트 S
2500(1)이나 (2)

① 스트레이트 S,
백 S 142(2)

프렌치 노트 S, 시드 S, 체인 S,
아우트라인 S 412(1)

340(1)

버튼홀 S의 응용 A
2500(1)

프렌치 노트 S
2500(2)

2500(2)

4 별도 그림

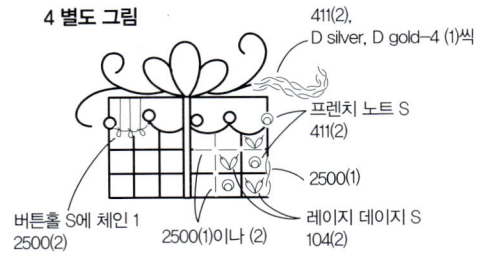

411(2),
D silver, D gold-4 (1)씩

프렌치 노트 S
411(2)

2500(1)

버튼홀 S에 체인 1
2500(2)

2500(1)이나 (2)

레이지 데이지 S
104(2)

5 별도 그림

D gold-4(1)

4칸 뜨기
535 · 2535 · 536
(1)씩

152, 2241, 328,
D gold-4 (1)씩

536(1)

4칸 뜨기
682(1)

682(1)

D gold-4(1)

685, D gold-4 (1)씩

522(1)이나 (2)

D gold-4(1)

스트레이트 S 1000(1)

프렌치 노트 S 551(1)

레이지 데이지 S,
아우트라인 S
D gold-4(1)

새틴 S, 백 S
522(1)

6 별도 그림

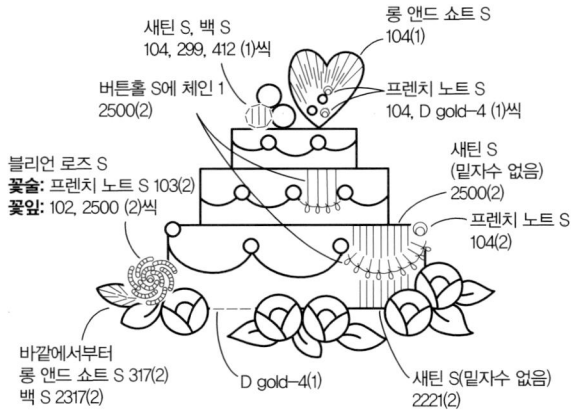

새틴 S, 백 S
104, 299, 412 (1)씩

롱 앤드 쇼트 S
104(1)

버튼홀 S에 체인 1
2500(2)

프렌치 노트 S
104, D gold-4 (1)씩

블리언 로즈 S
꽃술: 프렌치 노트 S 103(2)
꽃잎: 102, 2500 (2)씩

새틴 S
(밑자수 없음)
2500(2)

프렌치 노트 S
104(2)

바깥에서부터
롱 앤드 쇼트 S 317(2)
백 S 2317(2)

D gold-4(1)

새틴 S(밑자수 없음)
2221(2)

7 별도 그림

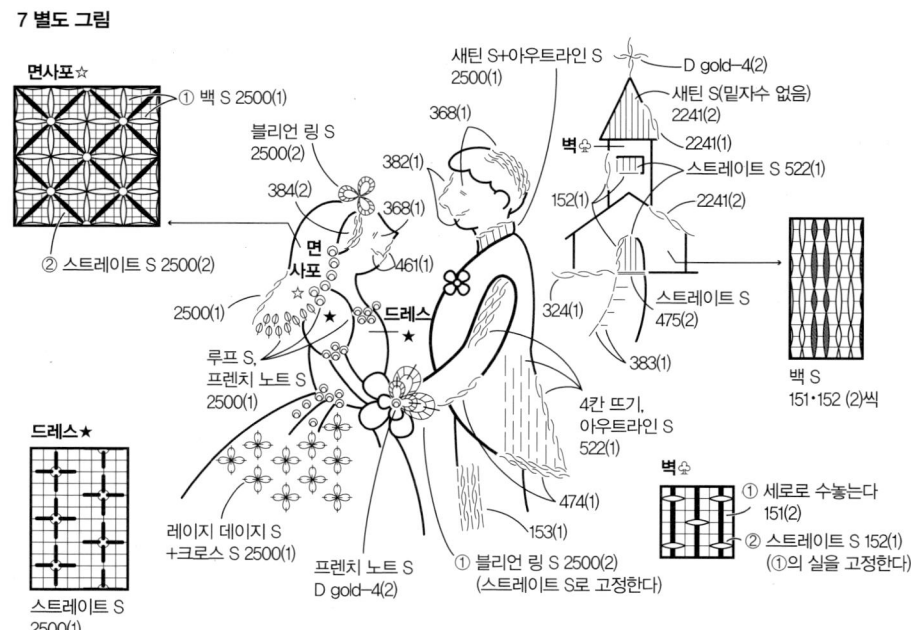

면사포☆
① 백 S 2500(1)
② 스트레이트 S 2500(2)

블리언 링 S
2500(2)

384(2)

새틴 S+아우트라인 S
2500(1)

368(1)

382(1)

368(1)

461(1)

면
사포
☆

드레스
★

2500(1)

루프 S,
프렌치 노트 S
2500(1)

D gold-4(2)

새틴 S(밑자수 없음)
2241(2)
2241(1)

벽♧

152(1)

324(1)

스트레이트 S 522(1)

2241(2)

스트레이트 S
475(2)

383(1)

백 S
151·152 (2)씩

4칸 뜨기,
아우트라인 S
522(1)

474(1)

153(1)

드레스★
스트레이트 S
2500(1)

레이지 데이지 S
+크로스 S 2500(1)

프렌치 노트 S
D gold-4(2)

① 블리언 링 S 2500(2)
(스트레이트 S로 고정한다)

벽♧
① 세로로 수놓는다
151(2)
② 스트레이트 S 152(1)
(①의 실을 고정한다)

Happy Wedding

5.링 쿠션

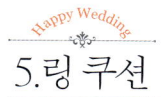

Photo >> page.11

- 리넨 원단 흰색 50cm×30cm
- 코스모 25번 자수실 회색 475, 흰색 500, 2500
- 마데이라 라메실(해설에서는 D로 표기) silver
- 0.4㎜ 너비 새틴 리본(흰색, 파랑) 80cm씩, 4cm 너비 주름 레이스(흰색) 60cm, 진주 줄 60cm, 구름솜 조금

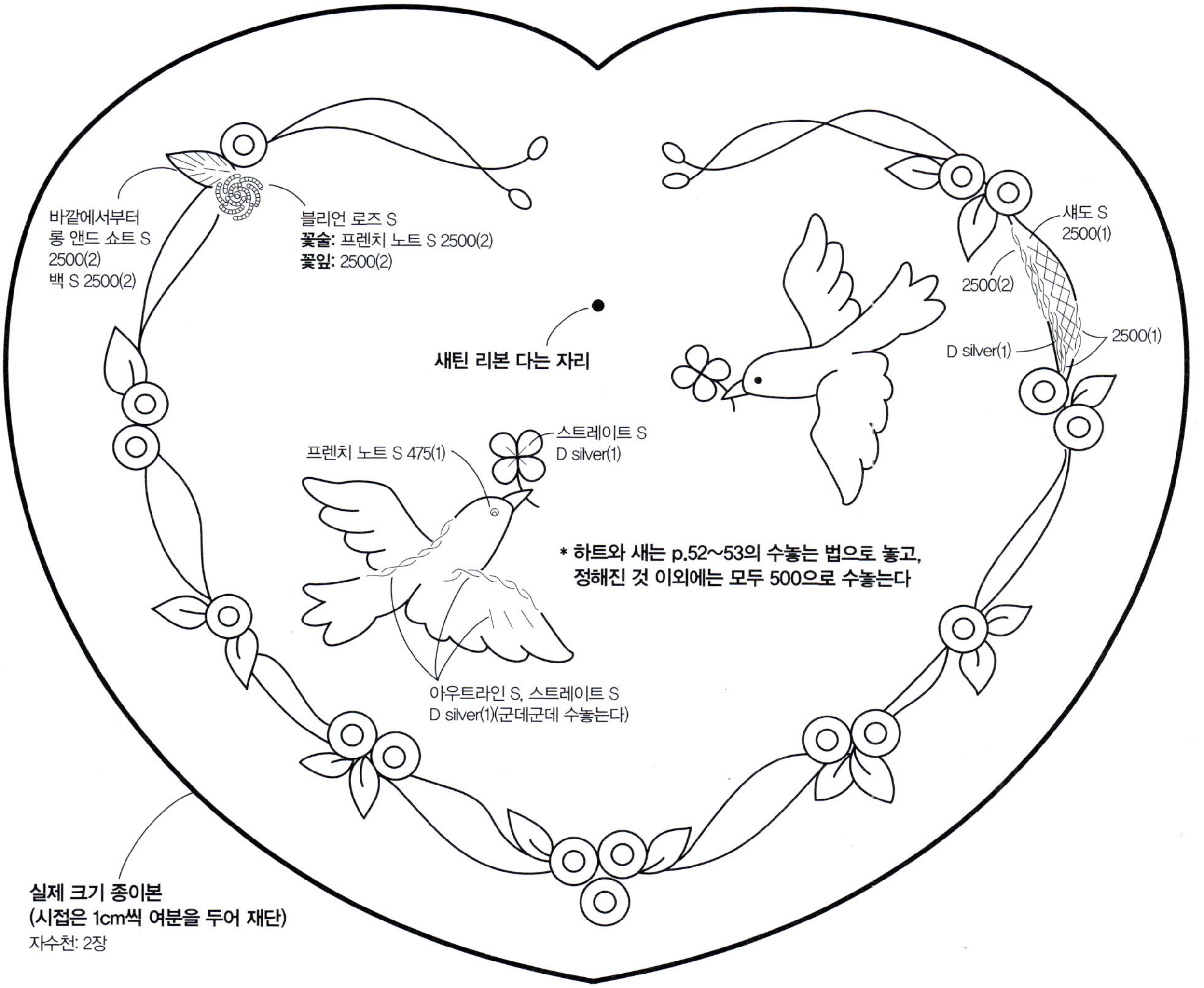

바깥에서부터
롱 앤드 쇼트 S
2500(2)
백 S 2500(2)
블리언 로즈 S
꽃술: 프렌치 노트 S 2500(2)
꽃잎: 2500(2)
섀도 S
2500(1)
2500(2)
2500(1)
D silver(1)
새틴 리본 다는 자리
스트레이트 S
D silver(1)
프렌치 노트 S 475(1)
* 하트와 새는 p.52~53의 수놓는 법으로 놓고,
정해진 것 이외에는 모두 500으로 수놓는다
아우트라인 S, 스트레이트 S
D silver(1)(군데군데 수놓는다)
실제 크기 종이본
(시접은 1cm씩 여분을 두어 재단)
자수천: 2장

*** 만드는 법**

① 자수천에 수를 놓는다
② 겉감 2장을 겉끼리 맞대어 창구멍만 남기고 가장자리를 박음질한다
시접에는 가위집을 넣어 준다
③ ②를 겉으로 뒤집어서 솜을 넣고 창구멍을 감친다
④ 박아서 이은 부분에 주름 레이스와 진주 줄을 각각 단다
(별도 그림 참조)
⑤ 새틴 리본 다는 자리(해설 그림 참조)에 실을 통과시키고 세게 잡아당겨 묶어서 옴폭 들어가게 만든다. 새틴 리본(40cm 2줄)을 리본 모양으로 묶어서 옴폭한 곳에 달아 준다

⑤
겉감: 자수천 2장
①
③

④별도 그림

진주 줄
주름 레이스

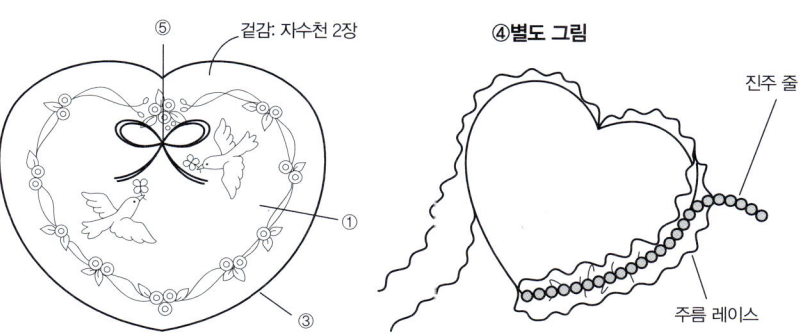

Hello Baby

6. 액자

Photo >> page.11

- 면 옥스퍼드 원단 오프화이트 30cm×30cm, 접착심지 30cm×30cm
- 코스모 25번 자수실 초록 116, 323·324~327, 333, 진한 갈색 127~129, 노랑 140·142~146, 297·299, 회색 153·154·155, 파랑 162·163, 2212·213, 412·2412, 523, 남청 173, 진한 빨강 241·242, 밝은 청록 2251, 갈색 309, 381·382·384, 빨강 342·343·2343·344·345, 분홍 351~354, 회갈색 364~366·368, 주황 402·2402·403~405, 핑크로즈 499·502·503, 올리브색 681·682·684, 밝은 회청색 731, 빨간 주황 752·753, 빨간 갈색 858, 청록 896·897, 흰색 500, 2500
- 시판 액자(안쪽 크기: 19cm×19cm)
- 처음에 테두리와 구분선을 수놓은 뒤에 사진을 참조하여 각 도안을 배치하고 수놓습니다.
- 수를 다 놓으면 뒷면에 접착심지를 붙이고 액자에 넣습니다.

* 배치도

4.5cm / 6cm / 4.5cm

① ② ③ ④ ⑤ ⑥ ⑦ ⑧ ⑨

4.5cm — 6cm — 4.5cm

테두리 선
더블 아웃라인 S (4올) 897(3)

구분선
시드 S(2올) 896(3)

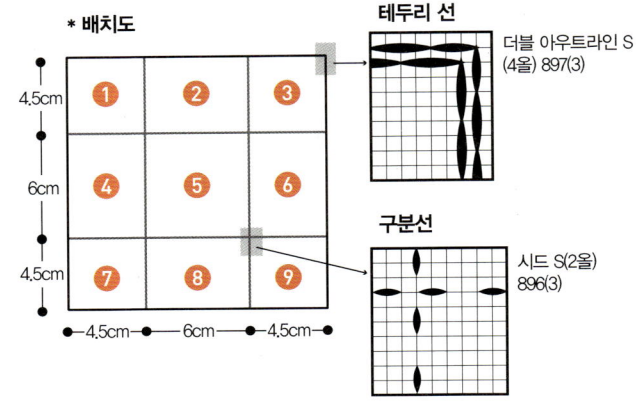

❷
144, 173, 2212, 324·326, 344, 753 (2)씩
백 S(2올) 344(2)
2212(2)
405(2)
새틴 S 309(2)
새틴 S 752(2)
새틴 S 345(2)
새틴 S 2212(2)
프렌치 노트 S 153(2)
(느슨하게 수놓고 4군데를 고정한다)
213(2)

❶
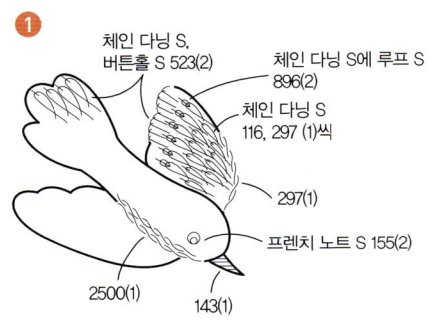
체인 다닝 S, 버튼홀 S 523(2)
체인 다닝 S에 루프 S 896(2)
체인 다닝 S 116, 297 (1)씩
297(1)
프렌치 노트 S 155(2)
2500(1)
143(1)

❸
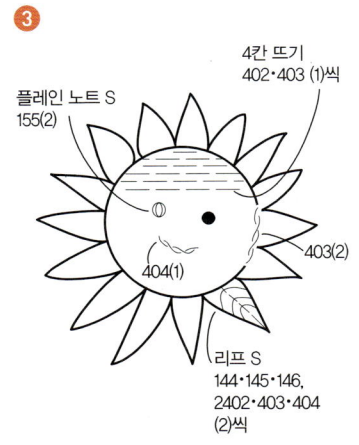
4칸 뜨기 402·403 (1)씩
플레인 노트 S 155(2)
403(2)
404(1)
리프 S 144·145·146, 2402·403·404 (2)씩

❹
눈: 프렌치 노트 S 155(1)
입: 아웃라인 S 155(1)
테두리: 아웃라인 S 364(1)
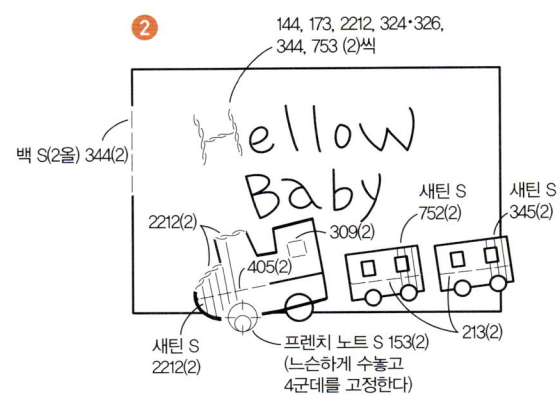
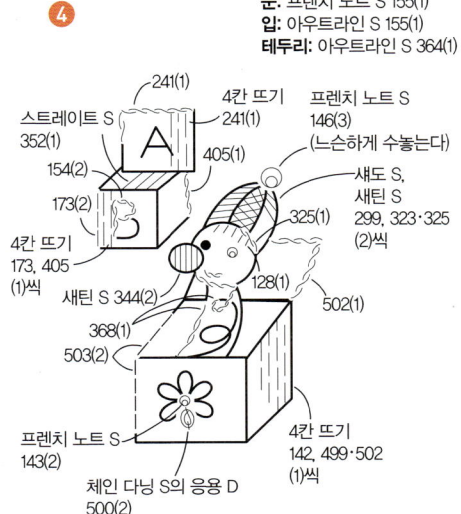
241(1)
스트레이트 S 352(1)
154(2)
173(2)
4칸 뜨기 241(1)
405(1)
4칸 뜨기 173, 405 (1)씩
새틴 S 344(2)
368(1)
503(2)
프렌치 노트 S 143(2)
체인 다닝 S의 응용 D 500(2)
프렌치 노트 S 146(3) (느슨하게 수놓는다)
섀도 S, 새틴 S 299, 323·325 (2)씩
325(1)
128(1)
502(1)
4칸 뜨기 142, 499·502 (1)씩

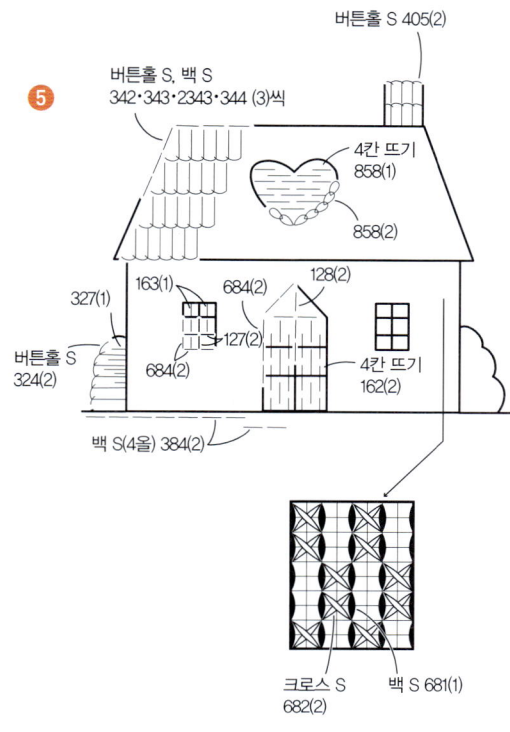

⑤

버튼홀 S 405(2)

버튼홀 S, 백 S
342·343·2343·344 (3)씩

4칸 뜨기
858(1)

858(2)

327(1)

163(1)

684(2)

128(2)

127(2)

684(2)

버튼홀 S
324(2)

4칸 뜨기
162(2)

백 S(4올) 384(2)

크로스 S
682(2)

백 S 681(1)

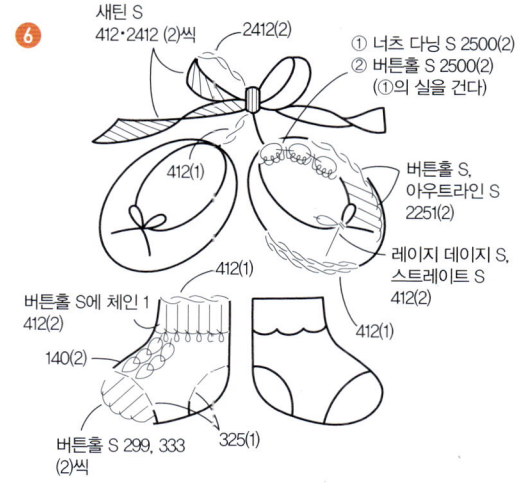

⑥

새틴 S
412·2412 (2)씩

2412(2)

① 너츠 다닝 S 2500(2)
② 버튼홀 S 2500(2)
　(①의 실을 건다)

412(1)

버튼홀 S,
아웃트라인 S
2251(2)

412(1)

레이지 데이지 S,
스트레이트 S
412(2)

버튼홀 S에 체인 1
412(2)

412(1)

140(2)

325(1)

버튼홀 S 299, 333
(2)씩

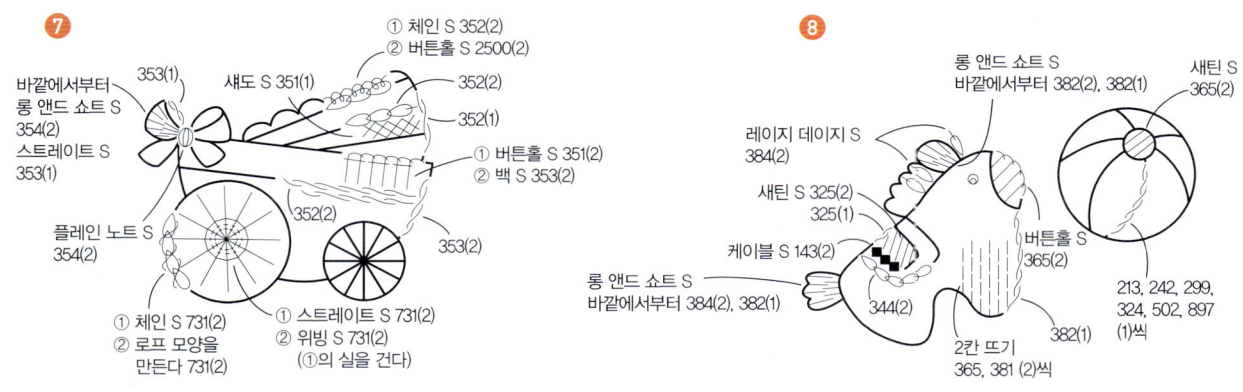

⑦

353(1)

바깥에서부터
롱 앤드 쇼트 S
354(2)
스트레이트 S
353(1)

섀도 S 351(1)

① 체인 S 352(2)
② 버튼홀 S 2500(2)

352(2)

352(1)

① 버튼홀 S 351(2)
② 백 S 353(2)

플레인 노트 S
354(2)

352(2)

353(2)

① 체인 S 731(2)
② 로프 모양을
　만든다 731(2)

① 스트레이트 S 731(2)
② 위빙 S 731(2)
　(①의 실을 건다)

⑧

롱 앤드 쇼트 S
바깥에서부터 382(2), 382(1)

새틴 S
365(2)

레이지 데이지 S
384(2)

새틴 S 325(2)
325(1)

케이블 S 143(2)

롱 앤드 쇼트 S
바깥에서부터 384(2), 382(1)

344(2)

버튼홀 S
365(2)

213, 242, 299,
324, 502, 897
(1)씩

2칸 뜨기
365, 381 (2)씩

382(1)

눈: 프렌치 노트 S 155(1)

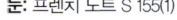

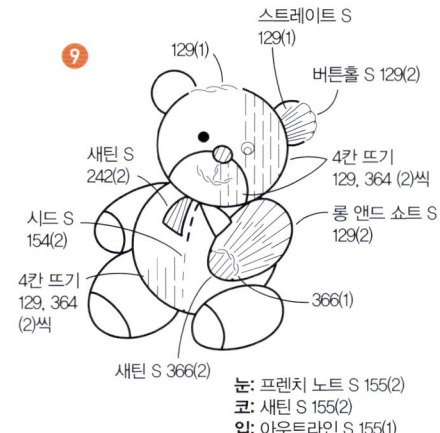

⑨

129(1)

스트레이트 S
129(1)

버튼홀 S 129(2)

새틴 S
242(2)

4칸 뜨기
129, 364 (2)씩

시드 S
154(2)

롱 앤드 쇼트 S
129(2)

4칸 뜨기
129, 364
(2)씩

366(1)

새틴 S 366(2)

눈: 프렌치 노트 S 155(2)
코: 새틴 S 155(2)
입: 아웃트라인 S 155(1)

Street Scenery

7.샘플러

Photo >> page.13

* 리넨 원단 진한 회색
* 코스모 25번 자수실 회색 151 · 154 · 155, 890 · 895, 갈색 307 · 309 · 311 · 2311 · 312, 빨강 344, 회갈색 364~369, 팥색 435 · 437, 터키블루 565, 파랑 2664 · 665 · 667, 밝은 회청색 731 · 734, 청록 846, 흰색 500, 검정 600
* 코스모 마블 스레드(해설에서는 M으로 표기) 1, 4, 5, 8, 11, 12, 17, 21, 31, 39, 41, 43, 46, 47, 48, 49, 50
* 지면 관계상 도안은 따로따로 해설했습니다. 사진을 참조하여 배치하세요.
* 코스모 마블 스레드는 코스모 시즌즈 그러데이션으로 대체 가능합니다.

* 배치도

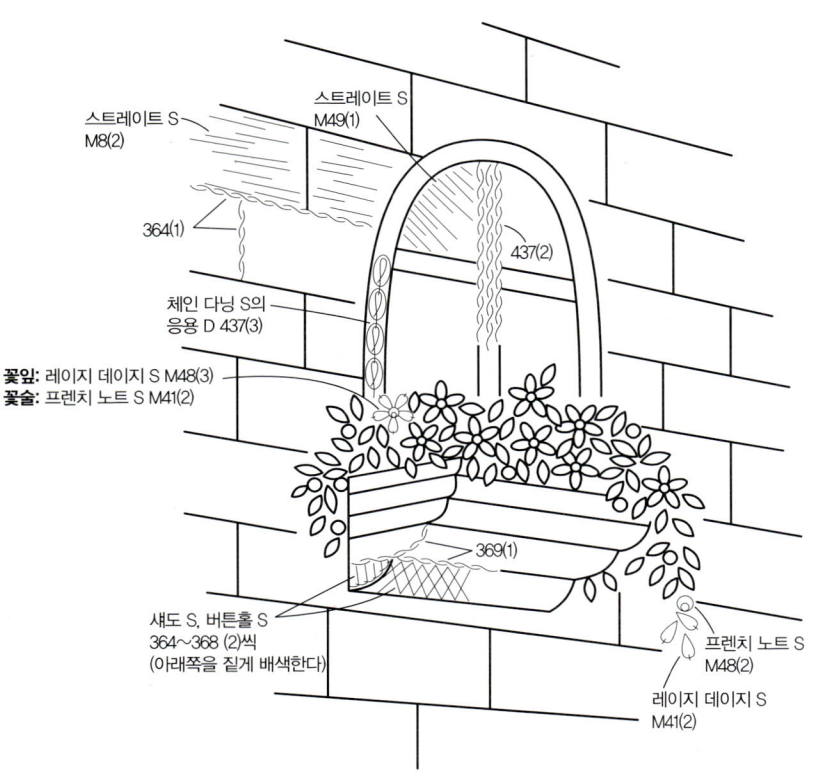

스트레이트 S
M8(2)

스트레이트 S
M49(1)

364(1)

437(2)

체인 다닝 S의
응용 D 437(3)

꽃잎: 레이지 데이지 S M48(3)
꽃술: 프렌치 노트 S M41(2)

369(1)

섀도 S, 버튼홀 S
364~368 (2)씩
(아래쪽을 짙게 배색한다)

프렌치 노트 S
M48(2)

레이지 데이지 S
M41(2)

버튼홀 S
M11, M47 (2)씩

M11, M47
(1)씩

스트레이트 S
M11, M47 (2)씩

스트레이트 S
M11, M47 (1)씩

154(1)

M11(2)

롱 앤드 쇼트 S
M11(2)

새틴 S(밑자수 없음)
M11(2)

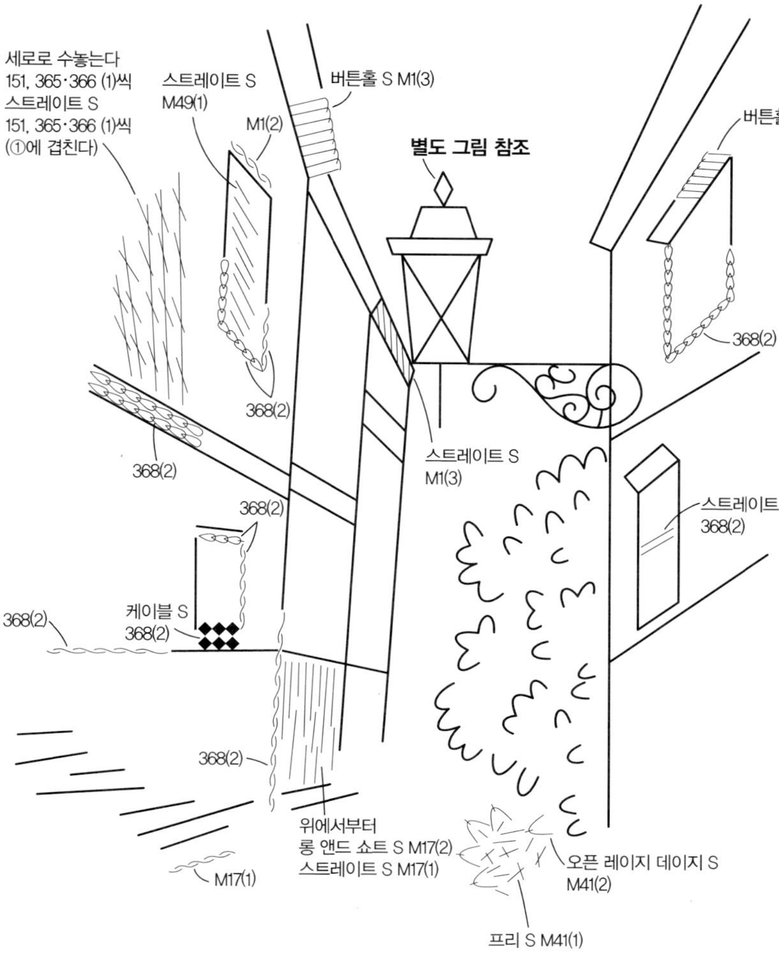

① 세로로 수놓는다
151, 365·366 (1)씩
② 스트레이트 S
151, 365·366 (1)씩
(①에 겹친다)

스트레이트 S
M49(1)

M1(2)

버튼홀 S M1(3)

별도 그림 참조

버튼홀 S M1(2)

368(2)

368(2)

368(2)

368(2)

368(2)

케이블 S
368(2)

368(2)

368(2)

M17(1)

위에서부터
롱 앤드 쇼트 S M17(2)
스트레이트 S M17(1)

프리 S M41(1)

오픈 레이지 데이지 S
M41(2)

스트레이트 S
M1(3)

스트레이트 S
368(2)

가로등 별도 그림

스트레이트 S

레이지 데이지 S

스트레이트 S
500(1)

케이블 S

크로스 S

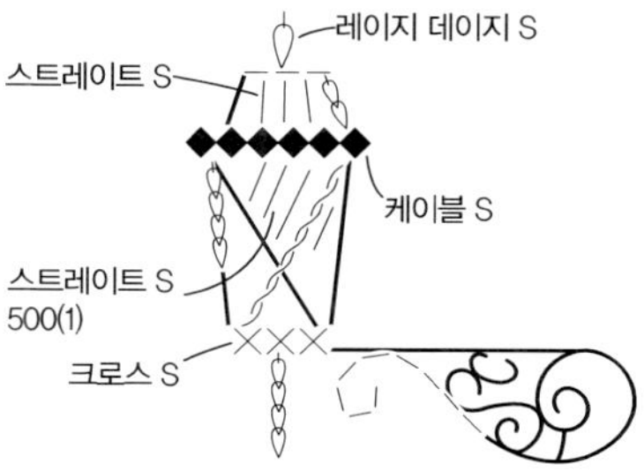

* 가로등은 정해진 것 이외에는
모두 600(2)로 수놓는다

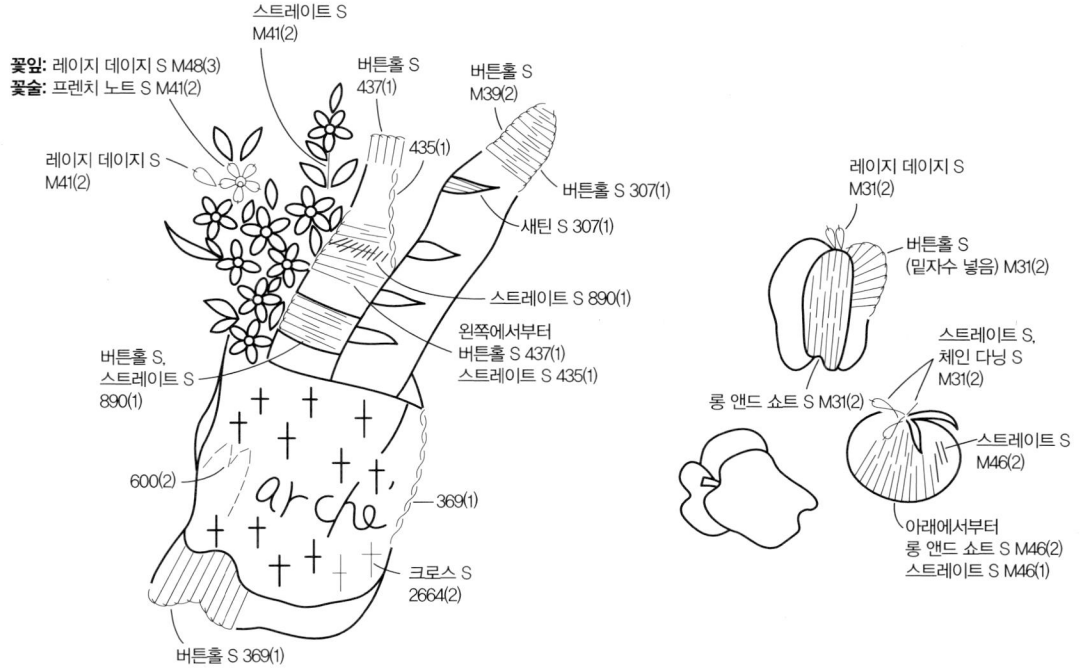

스트레이트 S
M41(2)

꽃잎: 레이지 데이지 S M48(3)
꽃술: 프렌치 노트 S M41(2)

버튼홀 S
437(1)

버튼홀 S
M39(2)

435(1)

레이지 데이지 S
M41(2)

버튼홀 S 307(1)

새틴 S 307(1)

스트레이트 S 890(1)

왼쪽에서부터
버튼홀 S 437(1)
스트레이트 S 435(1)

버튼홀 S,
스트레이트 S
890(1)

600(2)

369(1)

크로스 S
2664(2)

버튼홀 S 369(1)

레이지 데이지 S
M31(2)

버튼홀 S
(밑자수 넣음) M31(2)

스트레이트 S,
체인 다닝 S
M31(2)

롱 앤드 쇼트 S M31(2)

스트레이트 S
M46(2)

아래에서부터
롱 앤드 쇼트 S M46(2)
스트레이트 S M46(1)

59

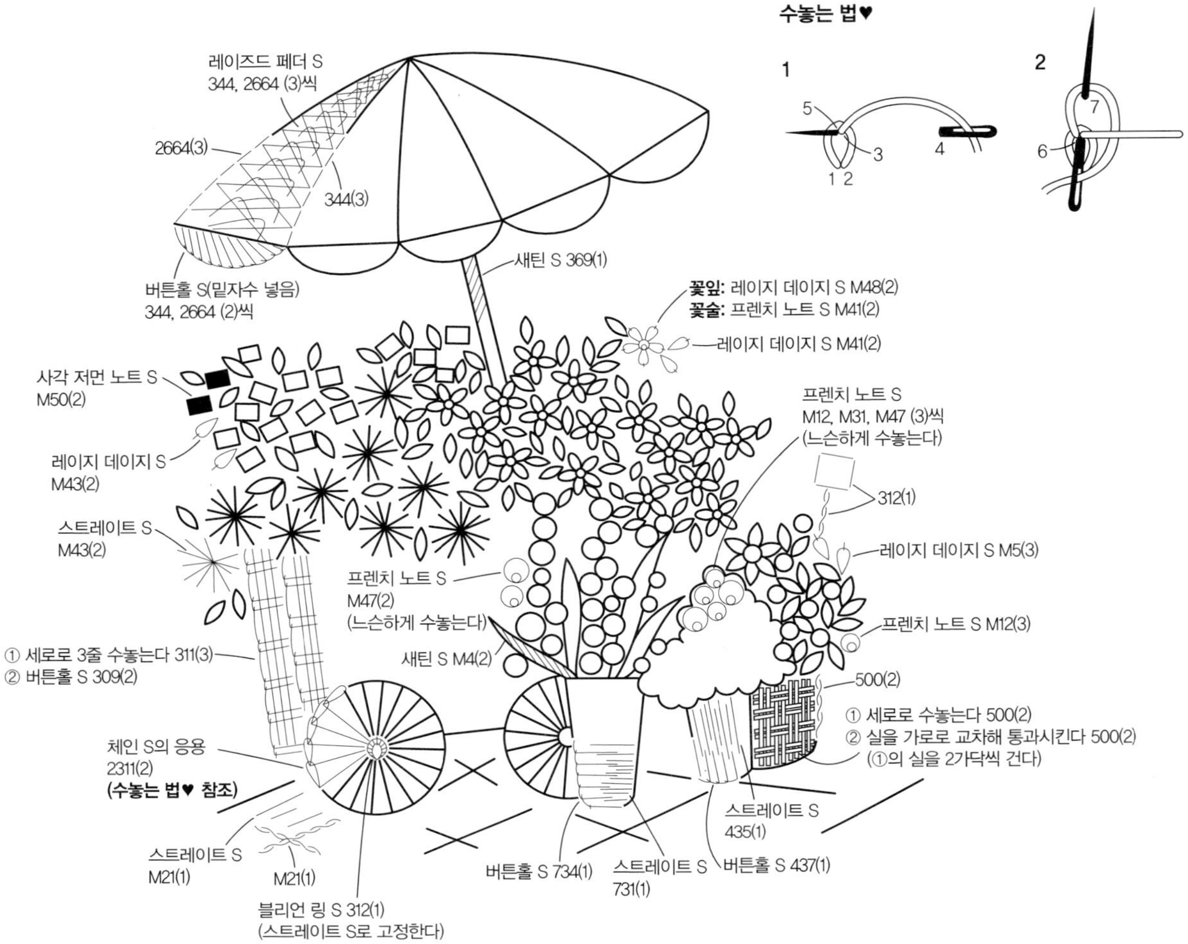

레이즈드 페더 S
344, 2664 (3)씩

2664(3)

344(3)

버튼홀 S(밑자수 넣음)
344, 2664 (2)씩

수놓는 법♥

1
5
3
4
1 2

2
7
6

새틴 S 369(1)

꽃잎: 레이지 데이지 S M48(2)
꽃술: 프렌치 노트 S M41(2)
레이지 데이지 S M41(2)

사각 저먼 노트 S
M50(2)

프렌치 노트 S
M12, M31, M47 (3)씩
(느슨하게 수놓는다)

312(1)

레이지 데이지 S
M43(2)

레이지 데이지 S M5(3)

스트레이트 S
M43(2)

프렌치 노트 S M12(3)

프렌치 노트 S
M47(2)
(느슨하게 수놓는다)

500(2)

새틴 S M4(2)

① 세로로 3줄 수놓는다 311(3)
② 버튼홀 S 309(2)

① 세로로 수놓는다 500(2)
② 실을 가로로 교차해 통과시킨다 500(2)
(①의 실을 2가닥씩 건다)

체인 S의 응용
2311(2)
(수놓는 법♥ 참조)

스트레이트 S
435(1)

스트레이트 S
M21(1)

M21(1)

버튼홀 S 734(1)

스트레이트 S
731(1)

버튼홀 S 437(1)

블리언 링 S 312(1)
(스트레이트 S로 고정한다)

꽃잎: 레이지 데이지 S M48(3)
꽃술: 프렌치 노트 S M41(2)

레이지 데이지 S M41(2)

스트레이트 S
565(2)

프렌치 노트 S
M48(3)

154(2)

새틴 S 565(2)

154(2)

565(2)

백 S, 버튼홀 S
895(2)

154(2)

154(2)

버튼홀 S,
아웃라인 S
155(1)

① 케이블 S 600(2)
② 아웃라인 S 895(2)

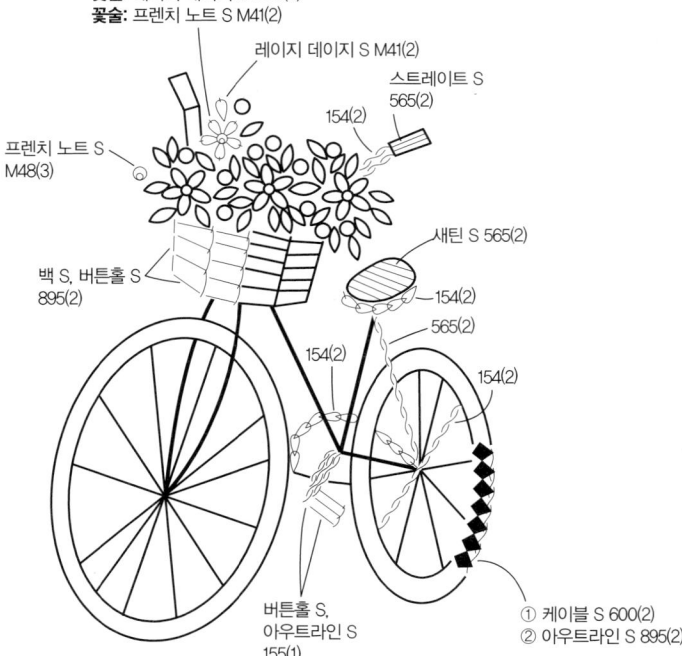

60

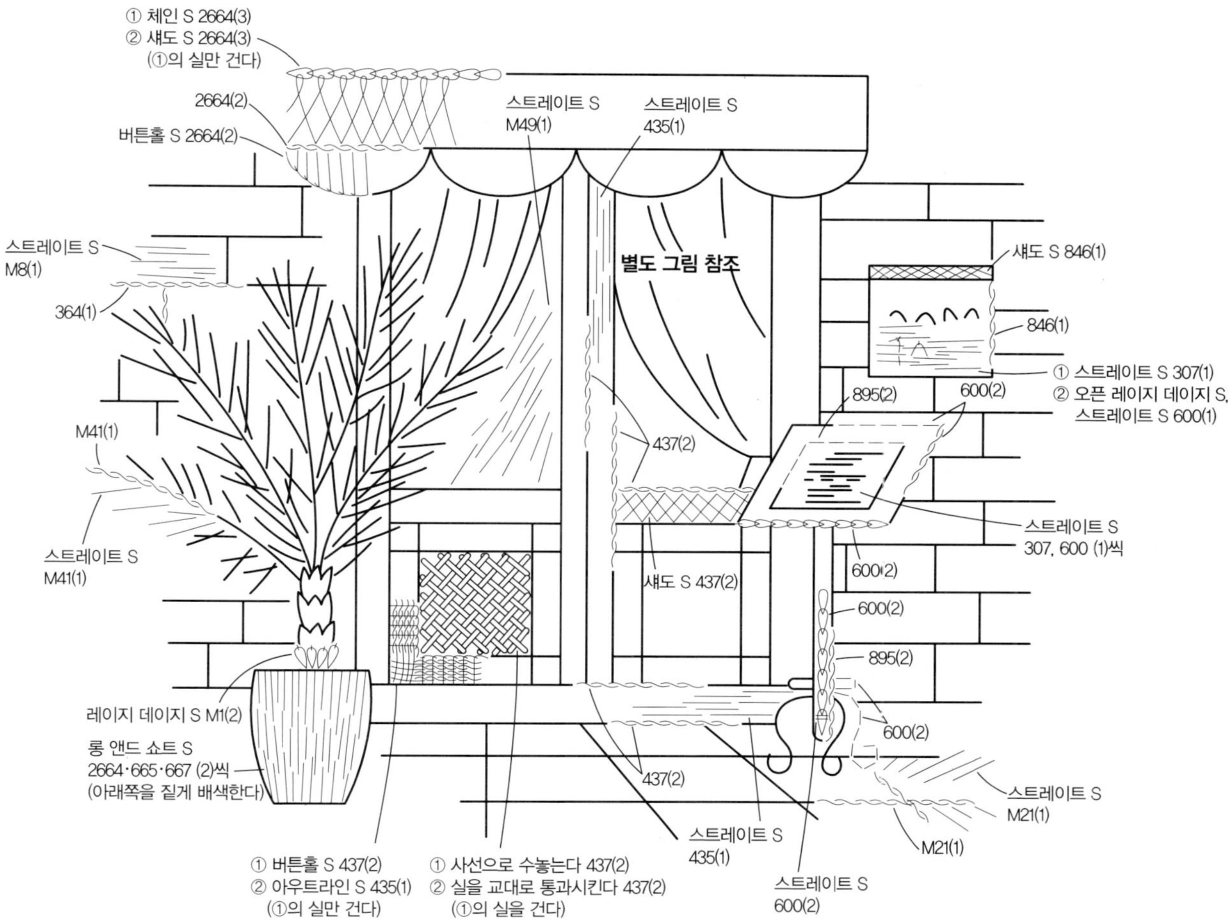

① 체인 S 2664(3)
② 섀도 S 2664(3)
　(①의 실만 건다)

2664(2)

버튼홀 S 2664(2)

스트레이트 S
M49(1)

스트레이트 S
435(1)

별도 그림 참조

스트레이트 S
M8(1)

364(1)

M41(1)

스트레이트 S
M41(1)

섀도 S 846(1)

846(1)

① 스트레이트 S 307(1)
② 오픈 레이지 데이지 S,
　스트레이트 S 600(1)

895(2)

600(2)

437(2)

스트레이트 S
307, 600 (1)씩

600(2)

섀도 S 437(2)

600(2)

895(2)

레이지 데이지 S M1(2)

롱 앤드 쇼트 S
2664·665·667 (2)씩
(아래쪽을 짙게 배색한다)

600(2)

스트레이트 S
M21(1)

M21(1)

① 버튼홀 S 437(2)
② 아우트라인 S 435(1)
　(①의 실만 건다)

① 사선으로 수놓는다 437(2)
② 실을 교대로 통과시킨다 437(2)
　(①의 실을 건다)

437(2)

스트레이트 S
435(1)

스트레이트 S
600(2)

커튼 별도 그림

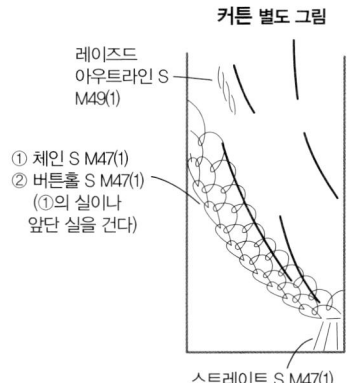

레이즈드
아우트라인 S
M49(1)

① 체인 S M47(1)
② 버튼홀 S M47(1)
　(①의 실이나
　앞단 실을 건다)

스트레이트 S M47(1)

8. 샘플러

Flower Garden

Photo >> page.14

- 리넨 원단 베이지
- 코스모 25번 자수실 분홍 102~104·105·1105·2105·106·107, 115, 206, 832~838, 초록 116·117·118·2118, 269~272·274, 316·317·2317·318·319·2319·320, 323·324~328, 333~338, 534·2535·536, 630·2631·632~635, 671·672·674, 822·826, 921~924, 진한 갈색 127·129·2129·130, 노랑 141~147, 298~302, 회색 152·153·2154, 473~477, 891·892, 파랑 165, 2412, 2662·663·2663·664·2664·665, 갈색 2186, 306·307·2307·308·309, 383~386, 423·424·2424·425~427, 장미색 221 ·2221·222·2222·223·2223·224·225, 팥색 235, 434·435, 진한 빨강 241·242, 보라 261·262·264·266, 2281·282· 283, 761·762·763·764, 빨강 342·2343·344~346, 회갈색 365~369, 711~716, 밝은 청록 372~374, 주황 402·2402·403, 440·442·445, 빨간 자주 480~484·486, 진한 붉은 자주 555·556, 터키블루 563·564~566, 노란 갈색 574~577, 771~773, 와인색 653·654, 올리브색 681·683~687, 금갈색 700, 밝은 회청색 731~734, 빨간 주황 750·753·754·758, 청록 842~846, 896·899, 빨간 갈색 854·858, 회청색 2981·982·983, 흰색 100, 500, 2500
- 지면 관계상 도안은 따로따로 해설했습니다. 사진과 배치도(축소 도안)를 참조하여 배치하세요.

p.66에 p.65에 p.63에

p.67에

p.64에 p.66에

* 배치도
도안은 50%로 축소되어 있습니다. 실제 크기로 사용하려면 200%로 확대하세요.
배치도를 제외한 모든 도안은 100% 도안입니다.

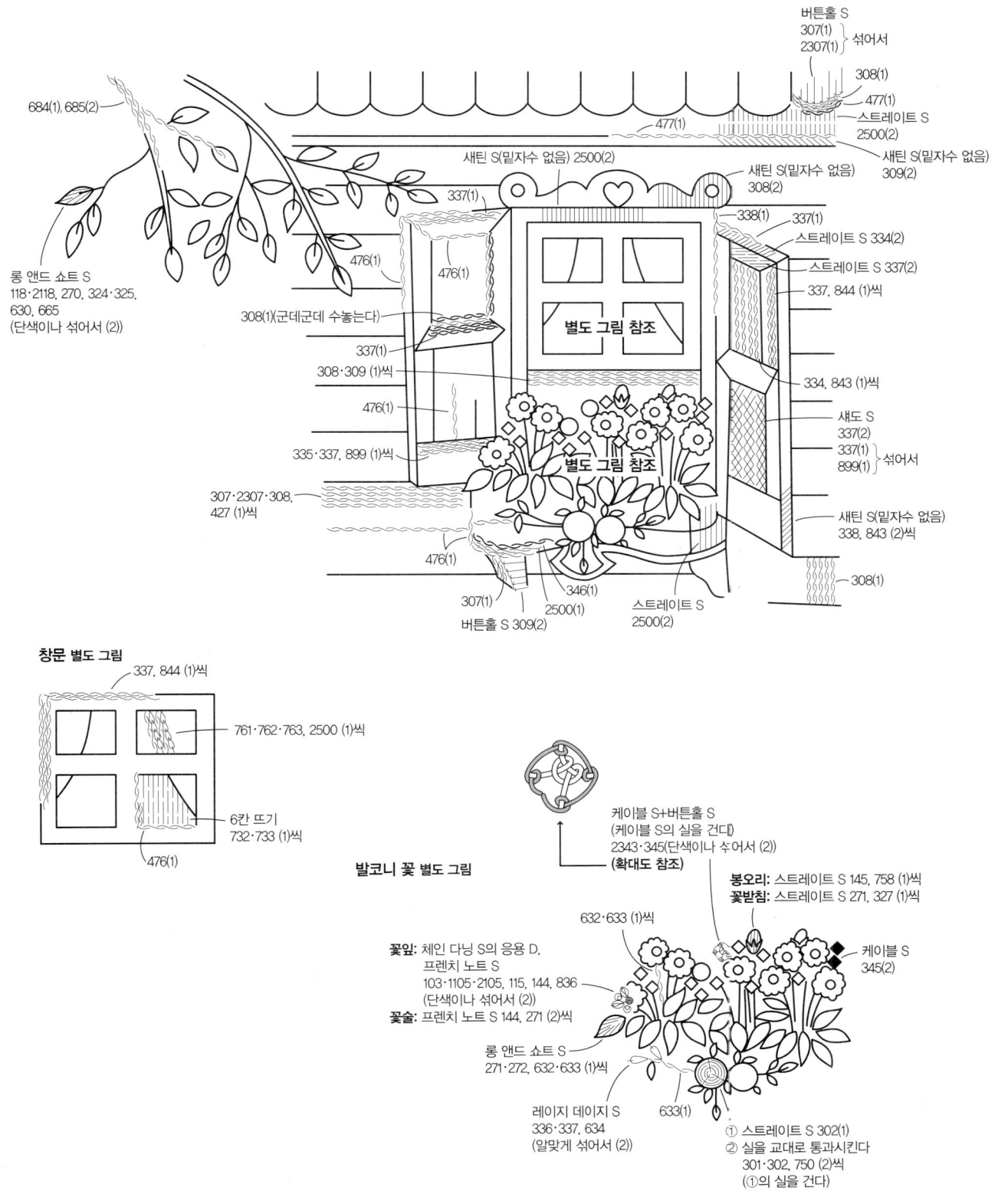

버튼홀 S
307(1)
2307(1) } 섞어서

684(1), 685(2)

308(1)

477(1)

스트레이트 S
2500(2)

477(1)

새틴 S(밑자수 없음) 2500(2)

새틴 S(밑자수 없음)
309(2)

새틴 S(밑자수 없음)
308(2)

338(1)   337(1)

스트레이트 S 334(2)

337(1)

롱 앤드 쇼트 S
118·2118, 270, 324·325,
630, 665
(단색이나 섞어서 (2))

476(1)

476(1)

308(1)(군데군데 수놓는다)

별도 그림 참조

스트레이트 S 337(2)

337, 844 (1)씩

337(1)

308·309 (1)씩

334, 843 (1)씩

476(1)

별도 그림 참조

셰도 S
337(2)

335·337, 899 (1)씩

337(1)
899(1) } 섞어서

307·2307·308,
427 (1)씩

새틴 S(밑자수 없음)
338, 843 (2)씩

476(1)

308(1)

307(1)

346(1)

2500(1)

버튼홀 S 309(2)

스트레이트 S
2500(2)

창문 별도 그림

337, 844 (1)씩

761·762·763, 2500 (1)씩

6칸 뜨기
732·733 (1)씩

476(1)

케이블 S+버튼홀 S
(케이블 S의 실을 건다)
2343·345(단색이나 섞어서 (2))

(확대도 참조)

발코니 꽃 별도 그림

봉오리: 스트레이트 S 145, 758 (1)씩
꽃받침: 스트레이트 S 271, 327 (1)씩

632·633 (1)씩

케이블 S
345(2)

꽃잎: 체인 다닝 S의 응용 D.
프렌치 노트 S
103·1105·2105, 115, 144, 836
(단색이나 섞어서 (2))
꽃술: 프렌치 노트 S 144, 271 (2)씩

롱 앤드 쇼트 S
271·272, 632·633 (1)씩

레이지 데이지 S
336·337, 634
(알맞게 섞어서 (2))

633(1)

① 스트레이트 S 302(1)
② 실을 교대로 통과시킨다
301·302, 750 (2)씩
(①의 실을 건다)

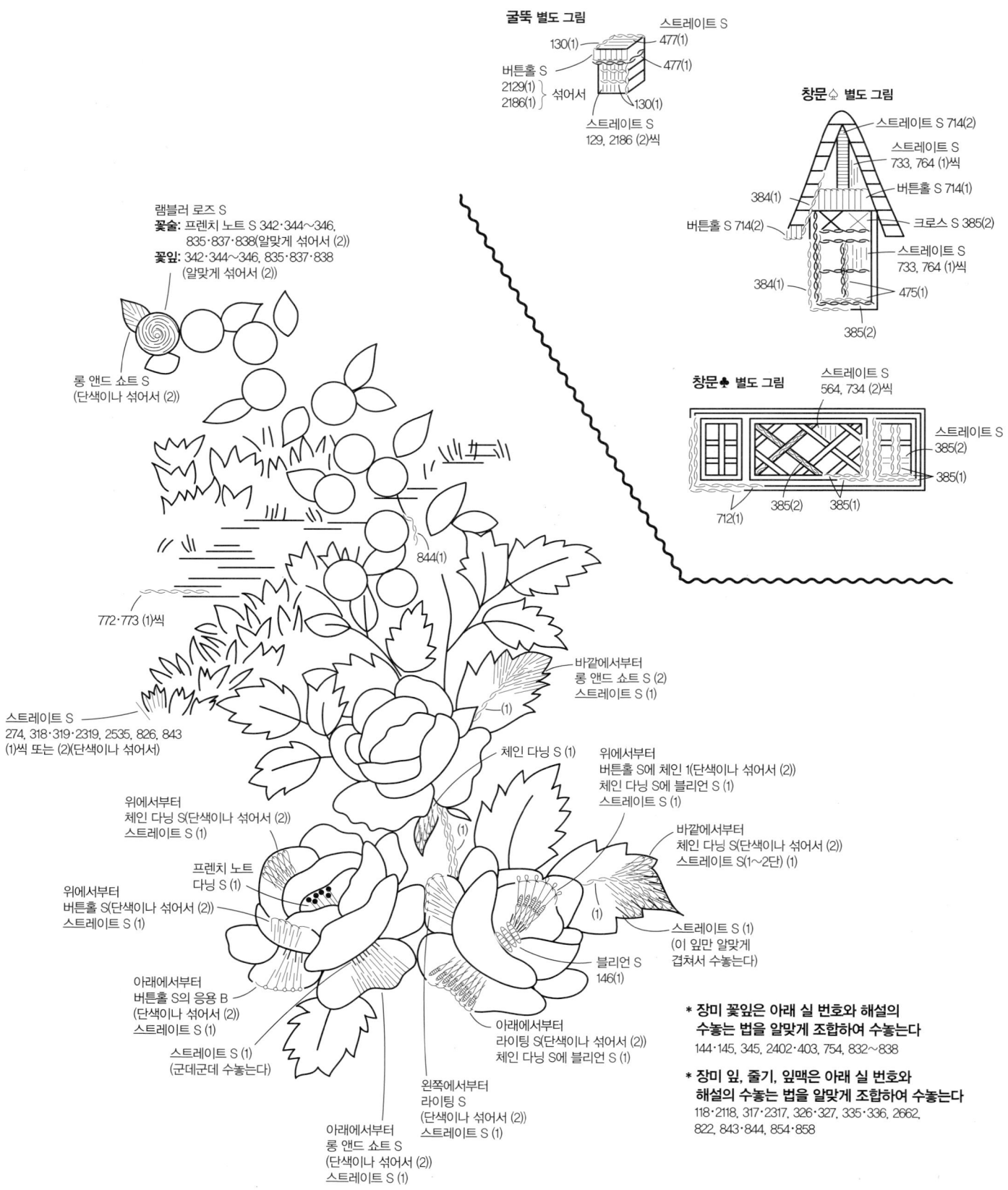

굴뚝 별도 그림

130(1)
버튼홀 S
2129(1) } 섞어서
2186(1)
스트레이트 S
129, 2186 (2)씩
스트레이트 S
477(1)
477(1)
130(1)

창문♤ 별도 그림

스트레이트 S 714(2)
스트레이트 S
733, 764 (1)씩
버튼홀 S 714(1)
384(1)
버튼홀 S 714(2)
크로스 S 385(2)
스트레이트 S
733, 764 (1)씩
384(1)
475(1)
385(2)

창문♧ 별도 그림

스트레이트 S
564, 734 (2)씩
스트레이트 S
385(2)
385(1)
712(1)
385(2)
385(1)

램블러 로즈 S
꽃술: 프렌치 노트 S 342·344~346,
835·837·838(알맞게 섞어서 (2))
꽃잎: 342·344~346, 835·837·838
(알맞게 섞어서 (2))

롱 앤드 쇼트 S
(단색이나 섞어서 (2))

844(1)

772·773 (1)씩

스트레이트 S
274, 318·319·2319, 2535, 826, 843
(1)씩 또는 (2)(단색이나 섞어서)

바깥에서부터
롱 앤드 쇼트 S (2)
스트레이트 S (1)

(1)

체인 다닝 S (1)

위에서부터
버튼홀 S에 체인 1(단색이나 섞어서 (2))
체인 다닝 S에 블리언 S (1)
스트레이트 S (1)

위에서부터
체인 다닝 S(단색이나 섞어서 (2))
스트레이트 S (1)

바깥에서부터
체인 다닝 S(단색이나 섞어서 (2))
스트레이트 S(1~2단) (1)

프렌치 노트
다닝 S (1)

(1)

위에서부터
버튼홀 S(단색이나 섞어서 (2))
스트레이트 S (1)

스트레이트 S (1)
(이 잎만 알맞게
겹쳐서 수놓는다)

아래에서부터
버튼홀 S의 응용 B
(단색이나 섞어서 (2))
스트레이트 S (1)

블리언 S
146(1)

스트레이트 S (1)
(군데군데 수놓는다)

아래에서부터
라이팅 S(단색이나 섞어서 (2))
체인 다닝 S에 블리언 S (1)

왼쪽에서부터
라이팅 S
(단색이나 섞어서 (2))
스트레이트 S (1)

아래에서부터
롱 앤드 쇼트 S
(단색이나 섞어서 (2))
스트레이트 S (1)

* 장미 꽃잎은 아래 실 번호와 해설의
  수놓는 법을 알맞게 조합하여 수놓는다
  144·145, 345, 2402·403, 754, 832~838

* 장미 잎, 줄기, 잎맥은 아래 실 번호와
  해설의 수놓는 법을 알맞게 조합하여 수놓는다
  118·2118, 317·2317, 326·327, 335·336, 2662,
  822, 843·844, 854·858

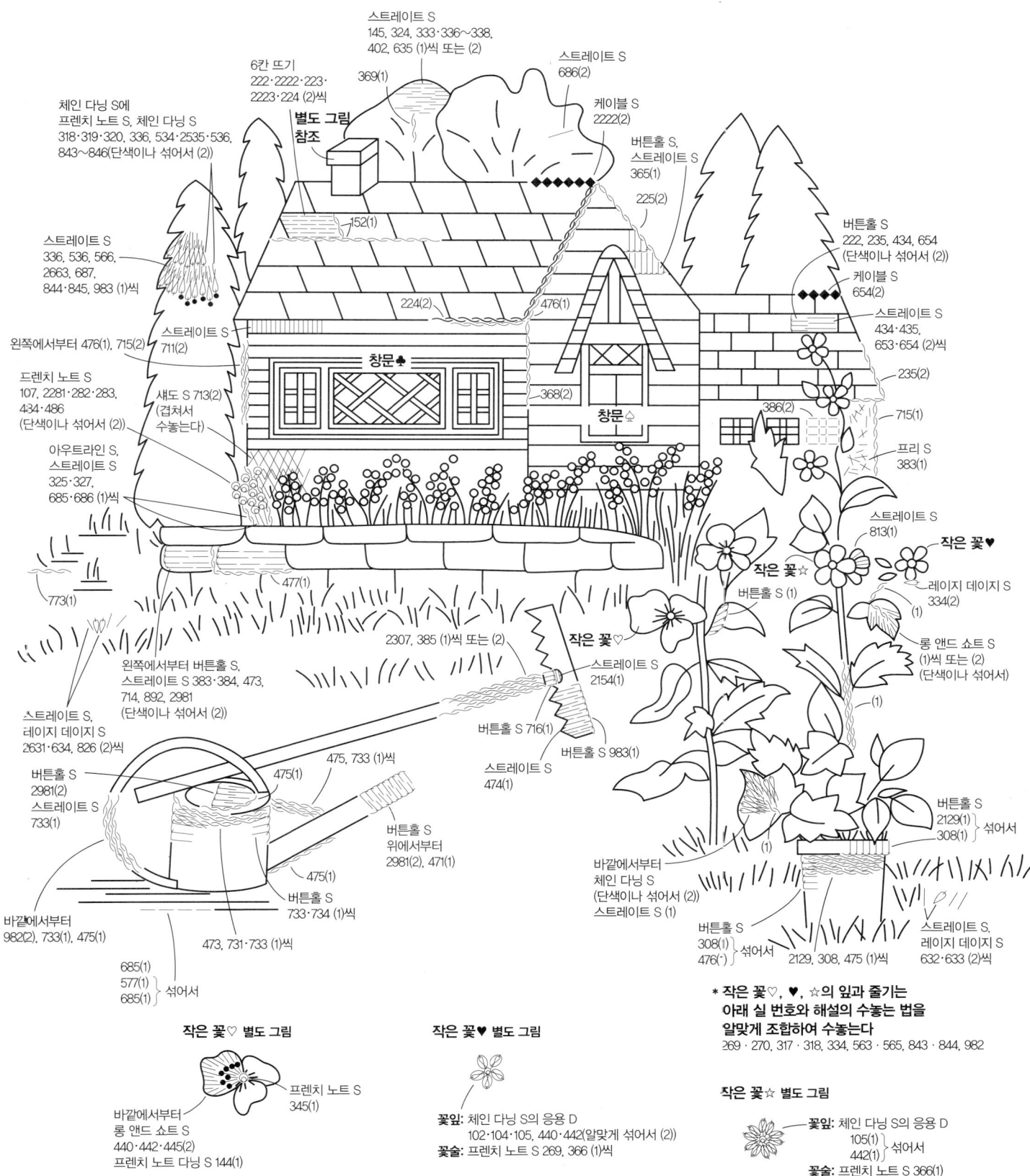

스트레이트 S
145, 324, 333·336~338,
402, 635 (1)씩 또는 (2)

스트레이트 S
686(2)

6칸 뜨기
222·2222·223·
2223·224 (2)씩

369(1)

별도 그림
참조

케이블 S
2222(2)

버튼홀 S,
스트레이트 S
365(1)

225(2)

체인 다닝 S에
프렌치 노트 S, 체인 다닝 S
318·319·320, 336, 534·2535·536,
843~846(단색이나 섞어서 (2))

버튼홀 S
222, 235, 434, 654
(단색이나 섞어서 (2))

케이블 S
654(2)

152(1)

스트레이트 S
336, 536, 566,
2663, 687,
844·845, 983 (1)씩

224(2)

476(1)

스트레이트 S
434·435,
653·654 (2)씩

왼쪽에서부터 476(1), 715(2)

스트레이트 S
711(2)

창문♣

368(2)

창문♧

235(2)

드렌치 노트 S
107, 2281·282·283,
434·486
(단색이나 섞어서 (2))

섀도 S 713(2)
(겹쳐서
수놓는다)

386(2)

715(1)

프리 S
383(1)

아우트라인 S,
스트레이트 S
325·327,
685·686 (1)씩

스트레이트 S
813(1)

작은 꽃♥

작은 꽃☆

773(1)

477(1)

2307, 385 (1)씩 또는 (2)

버튼홀 S (1)

레이지 데이지 S
334(2)

롱 앤드 쇼트 S
(1)씩 또는 (2)
(단색이나 섞어서)

작은 꽃♡

스트레이트 S
2154(1)

(1)

왼쪽에서부터 버튼홀 S,
스트레이트 S 383·384, 473,
714, 892, 2981
(단색이나 섞어서 (2))

버튼홀 S 716(1)

버튼홀 S 983(1)

스트레이트 S,
레이지 데이지 S
2631·634, 826 (2)씩

스트레이트 S
474(1)

버튼홀 S
2981(2)
스트레이트 S
733(1)

475, 733 (1)씩

475(1)

버튼홀 S
위에서부터
2981(2), 471(1)

(1)

버튼홀 S
2129(1) 섞어서
308(1)

바깥에서부터
982(2), 733(1), 475(1)

475(1)

버튼홀 S
733·734 (1)씩

473, 731·733 (1)씩

685(1)
577(1) } 섞어서
685(1)

바깥에서부터
체인 다닝 S
(단색이나 섞어서 (2))
스트레이트 S (1)

버튼홀 S
308(1)
476(˙) } 섞어서

2129, 308, 475 (1)씩

스트레이트 S,
레이지 데이지 S
632·633 (2)씩

* 작은 꽃♡, ♥, ☆의 잎과 줄기는
아래 실 번호와 해설의 수놓는 법을
알맞게 조합하여 수놓는다
269·270, 317·318, 334, 563·565, 843·844, 982

작은 꽃♡ 별도 그림

바깥에서부터
롱 앤드 쇼트 S
440·442·445(2)
프렌치 노트 다닝 S 144(1)

프렌치 노트 S
345(1)

작은 꽃♥ 별도 그림

꽃잎: 체인 다닝 S의 응용 D
102·104·105, 440·442(알맞게 섞어서 (2))
꽃술: 프렌치 노트 S 269, 366 (1)씩

작은 꽃☆ 별도 그림

꽃잎: 체인 다닝 S의 응용 D
105(1)
442(1) } 섞어서
꽃술: 프렌치 노트 S 366(1)

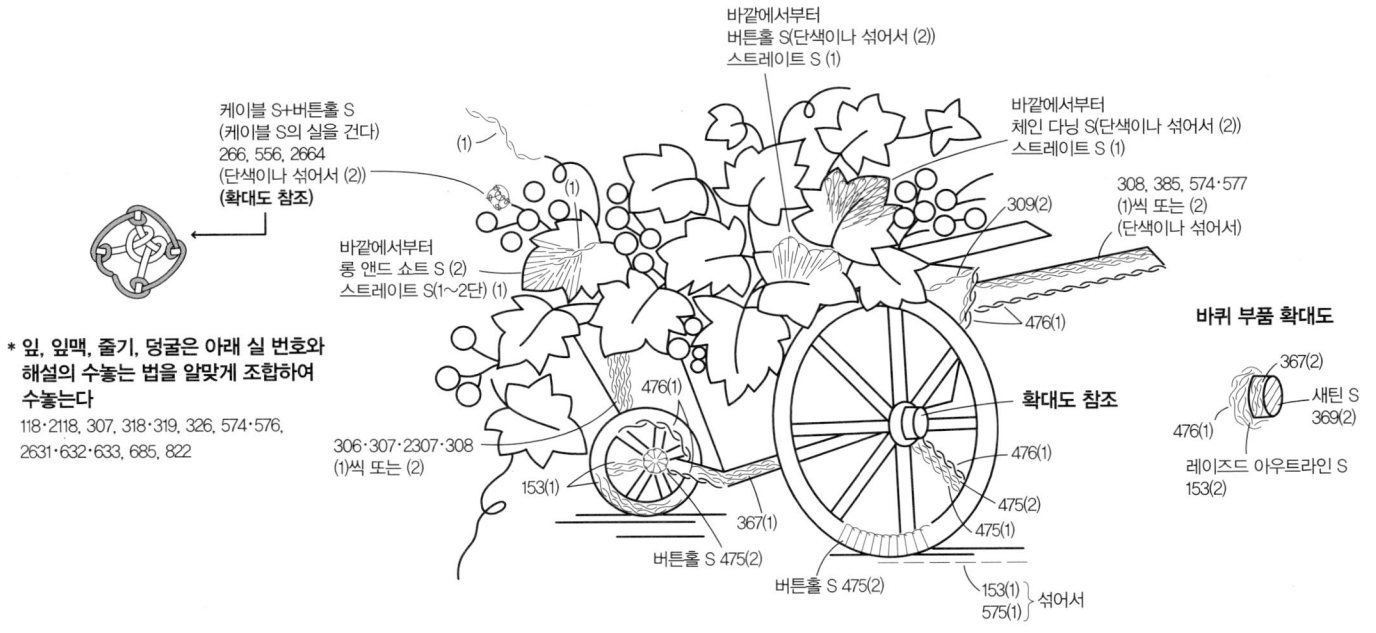

케이블 S＋버튼홀 S
(케이블 S의 실을 건다)
266, 556, 2664
(단색이나 섞어서 (2))
(확대도 참조)

바깥에서부터
버튼홀 S(단색이나 섞어서 (2))
스트레이트 S (1)

바깥에서부터
체인 다닝 S(단색이나 섞어서 (2))
스트레이트 S (1)

(1)

(1)

바깥에서부터
롱 앤드 쇼트 S (2)
스트레이트 S(1〜2단) (1)

309(2)

308, 385, 574·577
(1)씩 또는 (2)
(단색이나 섞어서)

476(1)

바퀴 부품 확대도

367(2)
새틴 S
369(2)

476(1)
레이즈드 아우트라인 S
153(1)

* 잎, 잎맥, 줄기, 덩굴은 아래 실 번호와
  해설의 수놓는 법을 알맞게 조합하여
  수놓는다
118·2118, 307, 318·319, 326, 574·576,
2631·632·633, 685, 822

476(1)

확대도 참조

476(1)

306·307·2307·308
(1)씩 또는 (2)

475(2)

475(1)

153(1)

367(1)

153(1)
575(1) } 섞어서

버튼홀 S 475(2)

버튼홀 S 475(2)

* 수선화 잎은 아래 실 번호와 해설의
  수놓는 법을 알맞게 조합하여 수놓는다
116, 318·319·2319, 324〜326, 2535, 565, 671·
672·674, 842, 983

* 수선화 꽃잎은 아래 실 번호와 해설의
  수놓는 법을 알맞게 조합하여 수놓는다
117, 141〜144, 681, 700, 771·772, 100, 500

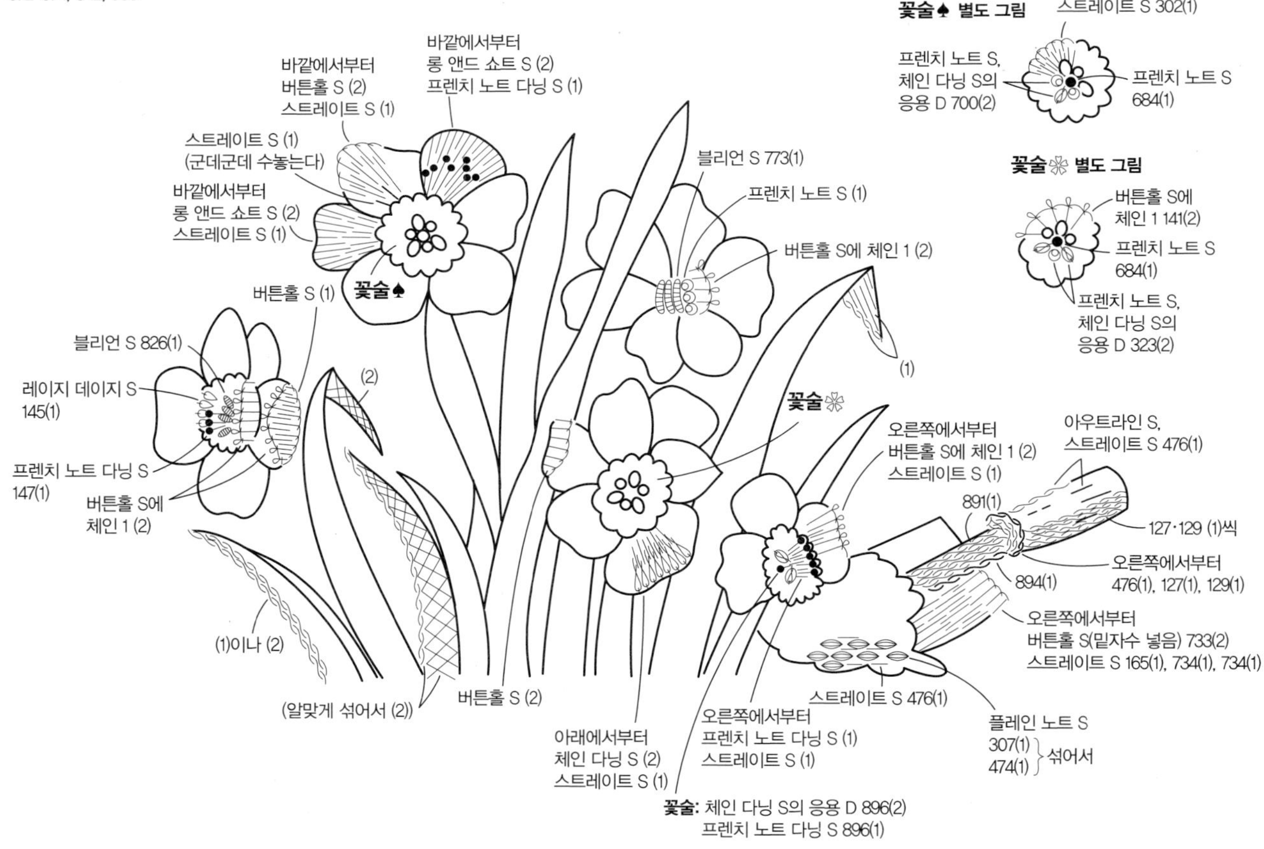

꽃술♠ 별도 그림

바깥에서부터
버튼홀 S 753(1)
스트레이트 S 302(1)

프렌치 노트 S,
체인 다닝 S의
응용 D 700(2)

프렌치 노트 S
684(1)

바깥에서부터
롱 앤드 쇼트 S (2)
프렌치 노트 다닝 S (1)

스트레이트 S (1)
(군데군데 수놓는다)

바깥에서부터
버튼홀 (2)
스트레이트 S (1)

바깥에서부터
롱 앤드 쇼트 S (2)
스트레이트 S (1)

블리언 S 773(1)

프렌치 노트 S (1)

버튼홀 S에 체인 1 (2)

꽃술♣ 별도 그림

버튼홀 S에
체인 1 141(2)

프렌치 노트 S
684(1)

프렌치 노트 S,
체인 다닝 S의
응용 D 323(2)

버튼홀 S에 ✿

블리언 S 826(1)

레이지 데이지 S
145(1)

프렌치 노트 다닝 S
147(1)

버튼홀 S에
체인 1 (2)

(2)

(1)

꽃술♠

꽃술✿

오른쪽에서부터
버튼홀 S에 체인 1 (2)
스트레이트 S (1)

아우트라인 S,
스트레이트 S 476(1)

891(1)

127·129 (1)씩

894(1)

오른쪽에서부터
476(1), 127(1), 129(1)

오른쪽에서부터
버튼홀 S(밑자수 넣음) 733(2)
스트레이트 S 165(1), 734(1), 734(1)

(1)이나 (2)

버튼홀 S (2)

(알맞게 섞어서 (2))

아래에서부터
체인 다닝 S (2)
스트레이트 S (1)

오른쪽에서부터
프렌치 노트 다닝 S (1)
스트레이트 S (1)

스트레이트 S 476(1)

플레인 노트 S
307(1)
474(1) } 섞어서

꽃술: 체인 다닝 S의 응용 D 896(2)
프렌치 노트 다닝 S 896(1)

66

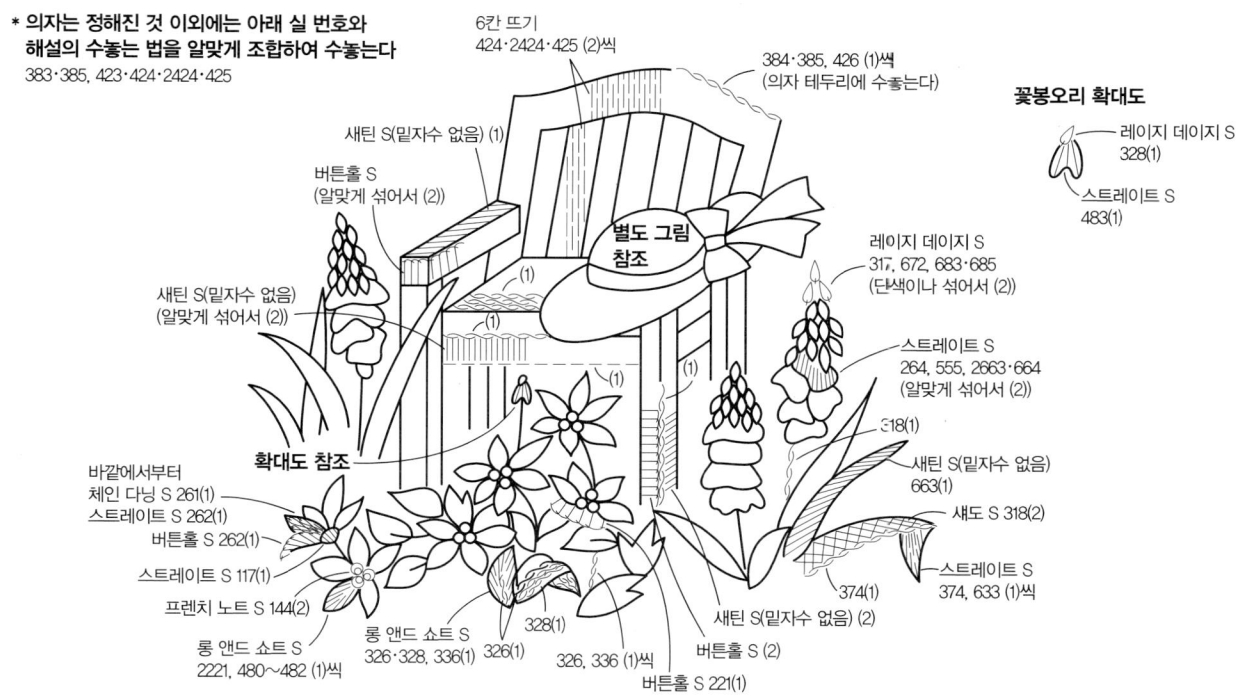

* 의자는 정해진 것 이외에는 아래 실 번호와
  해설의 수놓는 법을 알맞게 조합하여 수놓는다
  383·385, 423·424·2424·425

6칸 뜨기
424·2424·425 (2)씩

384·385, 426 (1)씩
(의자 테두리에 수놓는다)

꽃봉오리 확대도

레이지 데이지 S
328(1)

스트레이트 S
483(1)

새틴 S(밑자수 없음) (1)

버튼홀 S
(알맞게 섞어서) (2)

별도 그림
참조

레이지 데이지 S
317, 672, 683·685
(단색이나 섞어서 (2))

새틴 S(밑자수 없음)
(알맞게 섞어서) (2)

스트레이트 S
264, 555, 2663·664
(알맞게 섞어서) (2)

318(1)

새틴 S(밑자수 없음)
663(1)

확대도 참조

바깥에서부터
체인 다닝 S 261(1)
스트레이트 S 262(1)
버튼홀 S 262(1)
스트레이트 S 117(1)
프렌치 노트 S 144(2)
롱 앤드 쇼트 S
2221, 480~482 (1)씩

셰도 S 318(2)

374(1)

스트레이트 S
374, 633 (1)씩

롱 앤드 쇼트 S
326·328, 336(1)

326(1)

328(1)

326, 336 (1)씩

새틴 S(밑자수 없음) (2)

버튼홀 S (2)

버튼홀 S 221(1)

모자 별도 그림

위에서부터
버튼홀 S 372(1)
스트레이트 S 373(1)

셰도 S 372(1)
241(1)

롱 앤드 쇼트 S
107(2)

373(1)

오른쪽에서부터
버튼홀 S 372(1)
아웃라인 S 372(2), 374(1)

새틴 S(밑자수 없음)
372(1)

새틴 S(밑자수 없음)
2412(1)

① 버튼홀 S 106(3)
② 실을 교대로 통과시킨다 241(2)
   (①의 실을 2가닥씩 건다)
③ 체인 다닝 S 241(2)
   (①의 실만 건다)(확대도 참조)

새틴 S(밑자수 없음) (1)

셰도 S (1)

버튼홀 S (1)

(1)

스트레이트 S (1)

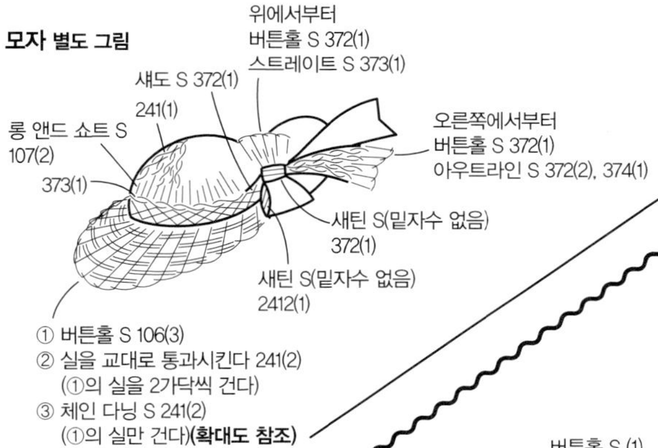

* 튤립의 잎과 줄기는 아래 실 번호와 해설의
  수놓는 법을 알맞게 조합하여 수놓는다
  2118, 316·317·2317·319, 323·325, 564·565, 845,
  921~924, 983

① 체인 S (1)
② 버튼홀 S (2)

(1)

(1)

(2)

(1)

왼쪽에서부터
체인 다닝 S (2)
스트레이트 S (1)

① 체인 S (1)
② 롱 앤드 쇼트 S (2)

(1)

* 튤립 꽃잎은 아래 실 번호와 해설의
  수놓는 법을 알맞게 조합하여 수놓는다
  141·142·144, 206, 242, 298~300·302, 323,
  342·344·345, 500

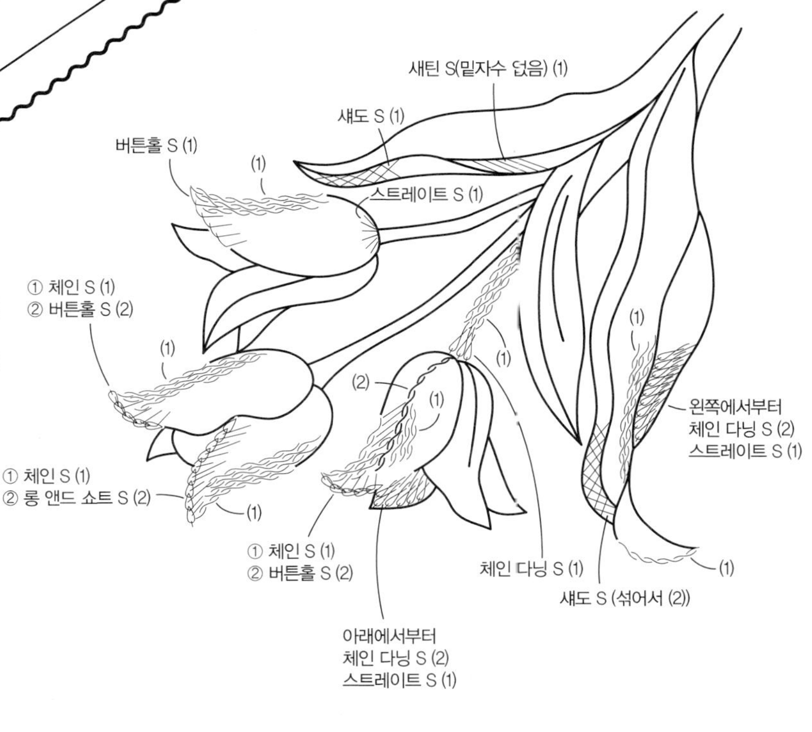

① 체인 S (1)
② 버튼홀 S (2)

체인 다닝 S (1)

(1)

셰도 S (섞어서) (2)

아래에서부터
체인 다닝 S (2)
스트레이트 S (1)

- 리넨 원단 밝은 회색
- 코스모 25번 자수실 초록 116·2117·118·2118·119, 272, 2317·318·319·2319, 324~326·328,334·335, 2533· 534·535·2535·536·2536·537, 630·2631·632~635, 671~674, 822·823·825·826, 922~926, 진한 갈색 128, 회색 151·2151·155, 475·476, 895, 파랑 168, 412, 521~526, 2664·665·667·669, 남청 173~176, 갈색 186·2186·187·188, 2307·308~311, 382~384, 423·424, 장미색 226, 진한 빨강 245·246, 보라 261·262·2262·263~266, 283~285,

761·764~766, 노랑 297·299~302, 회갈색 364~369, 714, 밝은 청록 375·376, 주황 442, 빨간 갈색 463·464, 진한 붉은 자주 555·556, 터키블루 564·566, 노란 갈색 575, 773~775, 와인색 651·652·653·654, 올리브색 682~684·687, 금갈색 700~702·705·706, 밝은 회청색 730~733, 회청색 981·2981·982, 흰색 100, 검정 600

- 코스모 라메실(해설에서는 K로 표기) 1, 2
- 마일라 라메실(해설에서는 Y로 표기) 28
- 마데이라 라메실(해설에서는 D로 표기) 13, 280

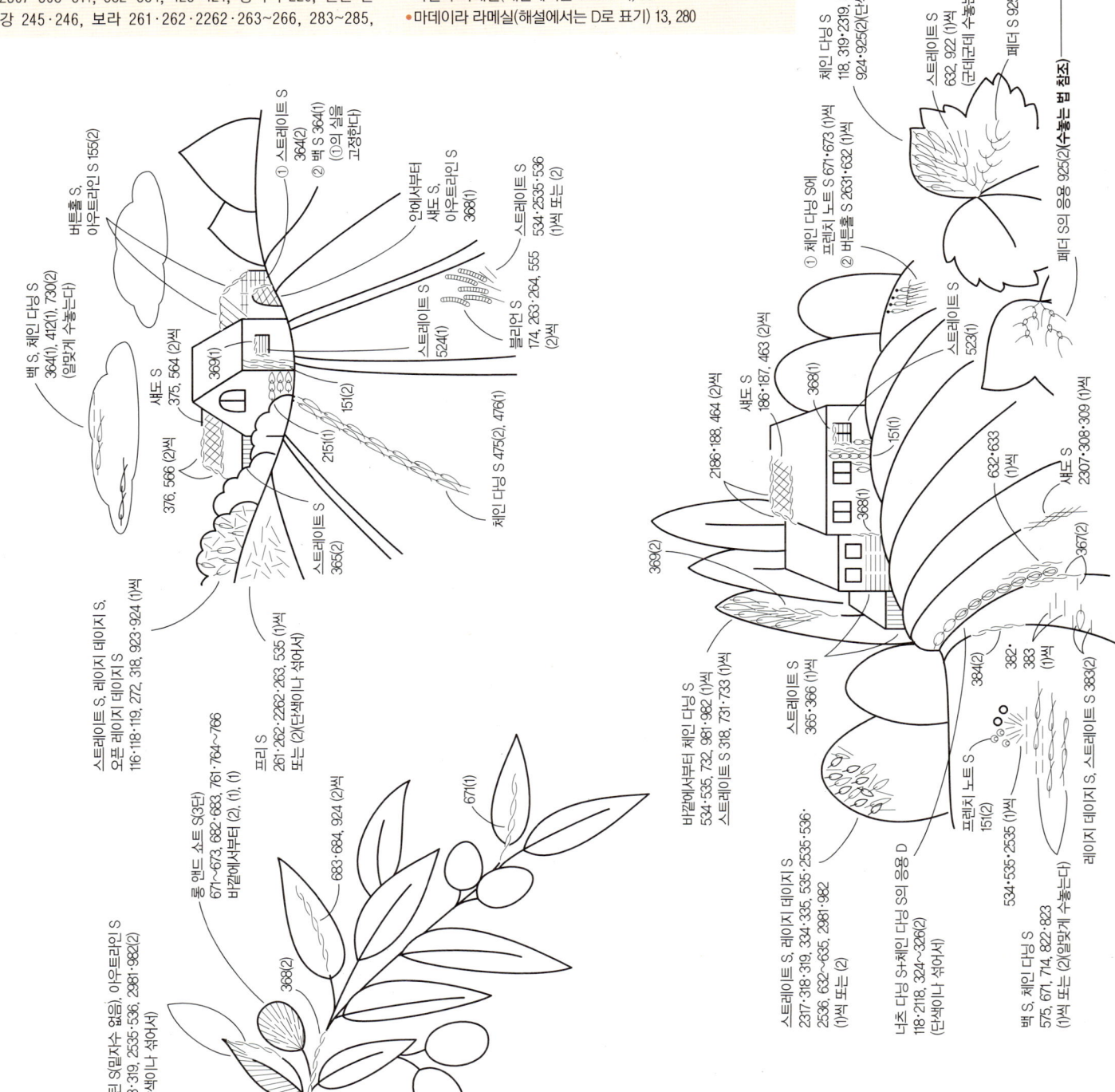

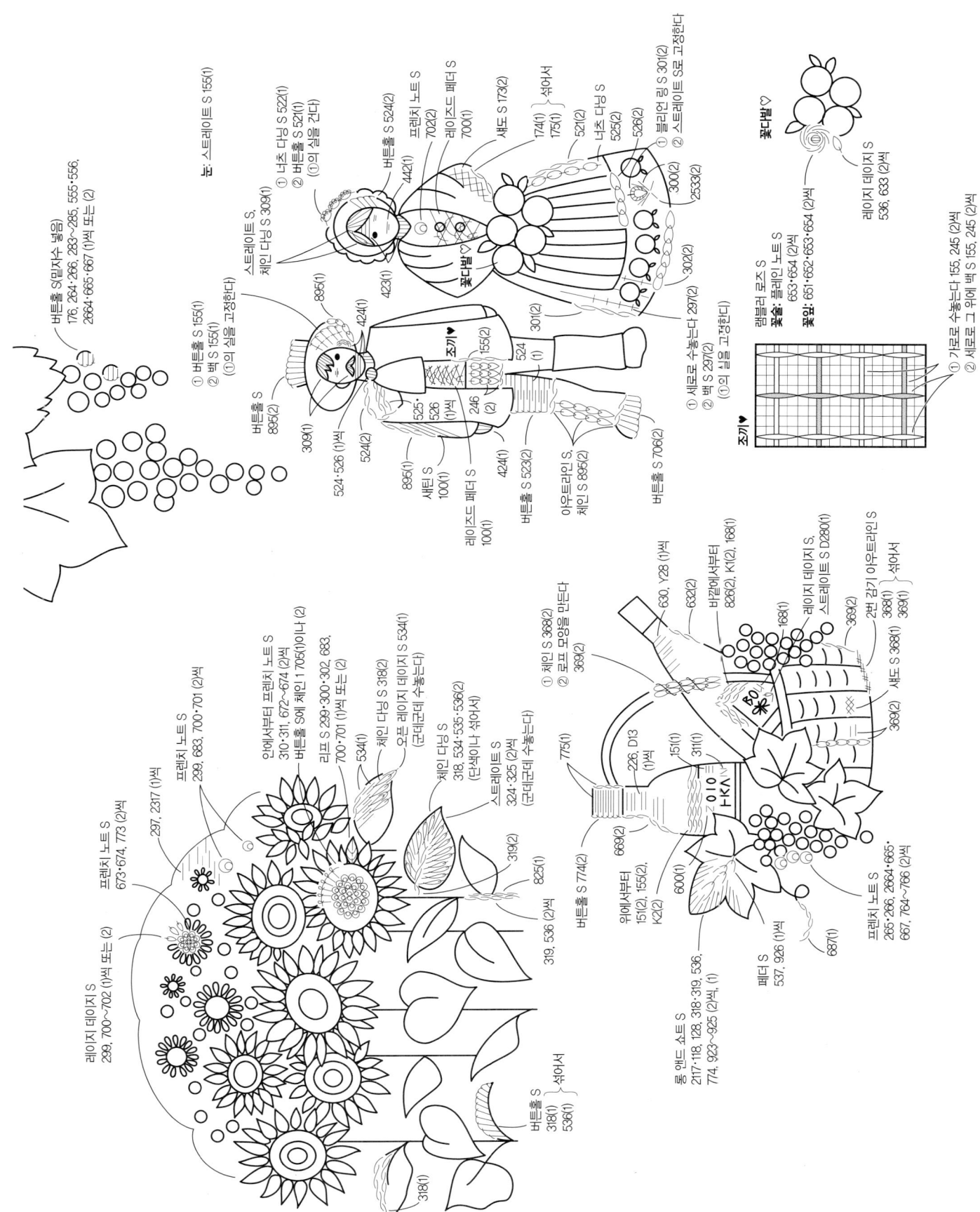

눈: 스트레이트 S 155(1)

버튼홀 S(입자수 넣음)
176, 264·266, 283~285, 555·556,
2664·665·667 (1)씩 또는 (2)

① 너츠 다닝 S 522(1)
② 버튼홀 S 52(1)
(1의 실을 건다)

버튼홀 S 524(1)
442(1)
423(1)

프렌치 노트 S
702(2)
레이즈드 페더 S
700(1)

세토 173(1)
174(1)
175(1) 섞어서
521(1)

너츠 다닝 S
525(2)
526(2)

① 블리언 링 S 301(2)
② 스트레이트 S로 고정한다
526(2)

300(2)
2533(2)
302(2)

꽃다발♡

레이지 데이지 S
536, 633 (2)씩

꽃다발♡

① 가로로 수놓는다 155, 245 (2)씩
② 세로로 그 위에 백 S 155, 245 (2)씩

램블러 로즈 S
꽃술: 플레인 노트 S
653·654 (2)씩
꽃잎: 651·652·653·654 (2)씩

① 세로로 수놓는다 297(2)
② 백 S 297(2)
(1의 실을 고정한다)

조끼♥

스트레이트 S,
체인 다닝 S 309(1)

① 버튼홀 S 155(1)
② 백 S 155(1)
(1의 실을 고정한다)

버튼홀 S
895(2)

895(1)
424(1)

309(1)

524·526 (1)씩
524(2)

895(1)

새틴 S
100(1)

레이즈드 페더 S
100(1)

525·
526
(1)씩
246
(2)

155(1)
524
(1)

301(2)

아우트라인 S,
체인 S 895(2)

424(1)

버튼홀 S 523(2)

버튼홀 S 706(2)

조끼♥

레이지 데이지 S
299, 700~702 (1)씩 또는 (2)

프렌치 노트 S
673·674, 773 (2)씩

프렌치 노트 S
299, 683, 700·701 (2)씩

297, 2317 (1)씩

안에서부터 프렌치 노트 S
310·311, 672~674 (2)씩
버튼홀 S에 체인 1 705(1)이나 (2)

리프 S 299·300·302, 683,
700·701 (1)씩 또는 (2)

534(1)

체인 다닝 S 318(2)

오프 레이지 데이지 S 534(1)
(군데군데 수놓는다)

체인 다닝 S
318, 534·535·536(2)
(단색이나 섞어서)

스트레이트 S
324·325 (2)씩
(군데군데 수놓는다)

319(2)

825(1)

319, 536 (2)씩

버튼홀 S 774(2)

① 체인 S 368(2)
② 로프 모양을 만든다
369(2)

775(1)

630, Y28 (1)씩
632(2)

바깥에서부터
826(2), K1(2), 168(1)

168(1)

레이지 데이지 S,
스트레이트 S D280(1)

레이지 데이지 S,
아우트라인 S D280(1)

369(2)

2번 감기 아우트라인 S
368(1)
369(1) 섞어서

세토 S 368(1)

369(2)

226, D13
(1)씩

151(1)
311(1)

600(1)

위에서부터
151(2), 155(2),
K2(2)

669(2)

687(1)

프렌치 노트 S
265·266, 2664·665·
667, 764~766 (2)씩

페더 S
537, 926 (1)씩

롱 앤드 쇼트 S
217·118, 128, 318·319, 536,
774, 923~925 (2)씩, (1)

섞어서

버튼홀 S
318(1)
536(1)

318(1)

69

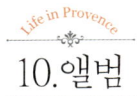

10. 앨범

Life in Provence

Photo ≫ page.17

- 리넨 원단 밝은 회색 15cm×15cm, 접착심지 10cm×10cm
- 코스모 25번 자수실 노랑 297·299·300·302, 갈색 310·311, 초록 2317·318·319, 324·325, 534·535·536, 672~674, 825, 올리브색 683, 금갈색 700~702·705, 노란 갈색 773
- 시판 앨범 (창 안쪽 크기: 6.5cm×6.5cm)
- 도안은 p.69〈샘플러〉의 해바라기 밭을 사용했으며, 해설도 같습니다.
- 수를 다 놓으면 뒷면에 접착심지를 붙여서 앨범 창에 넣습니다.

* 완성도

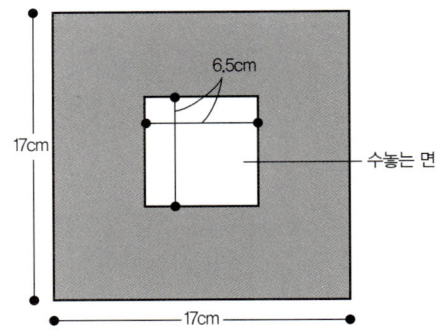

11. 북 커버

Lake District

Photo ≫ page.18

- 리넨 원단 흐린 황갈색 45cm×25cm, 접착심지 45cm×25cm, 안감용 면 원단 30cm×25cm
- 코스모 25번 자수실 회색 154, 밝은 청록 2553, 보라 2262·264·266, 초록 325·326·329, 갈색 383·384, 주황 441·443·445, 와인색 652·653, 청록 897·898, 흰색 2500, 검정 600
- 7mm 너비 그로그랭 리본 20cm, 3mm 너비 가죽끈(흑갈색) 35cm

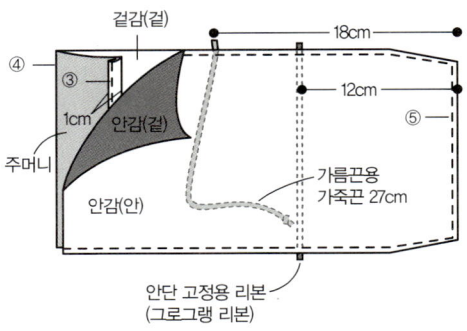

* 만드는 법
① 자수천에 수를 놓는다
② ①의 뒷면에 접착심지를 붙인다
③ 주머니 입구 시접을 1cm 너비로 2번 접어서 박음질한다
④ ③을 주머니 접는 선대로 겉끼리 맞닿게 접는다
⑤ ④와 안감을 위 그림처럼 겹치고 그 사이에 가름끈용 가죽끈과 안단 고정용 리본을 끼운다. 주머니 쪽을 뺀 세 방향을 박은 뒤에 겉으로 뒤집는다

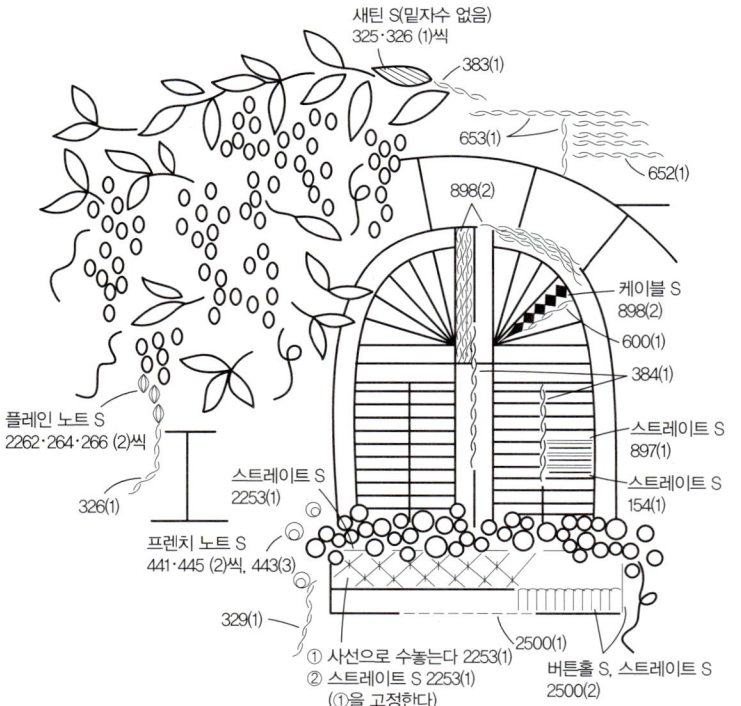

* 재단 배치도 (시접은 1cm씩 여분을 두어 재단)

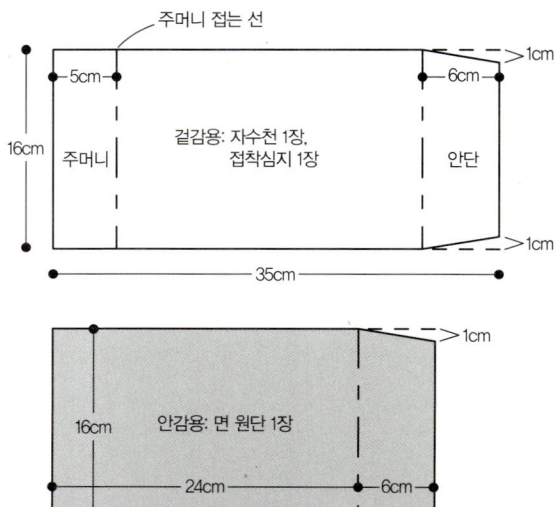

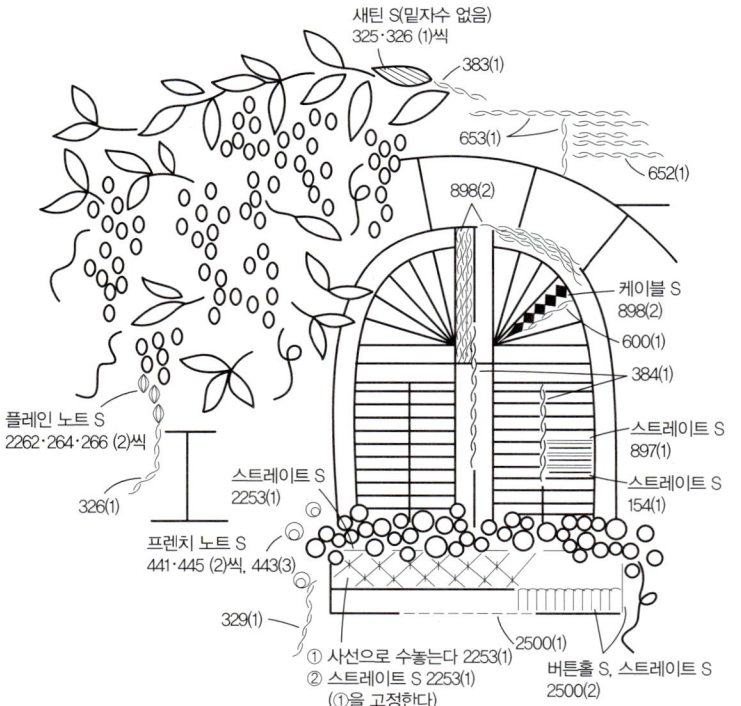
새틴 S(밑자수 없음)
325·326 (1)씩

383(1)

653(1)

652(1)

898(2)

케이블 S
898(2)

600(1)

384(1)

스트레이트 S
897(1)

스트레이트 S
154(1)

플레인 노트 S
2262·264·266 (2)씩

326(1)

스트레이트 S
2253(1)

프렌치 노트 S
441·445 (2)씩, 443(3)

329(1)

① 사선으로 수놓는다 2253(1)
② 스트레이트 S 2253(1)
(①을 고정한다)

2500(1)

버튼홀 S, 스트레이트 S
2500(2)

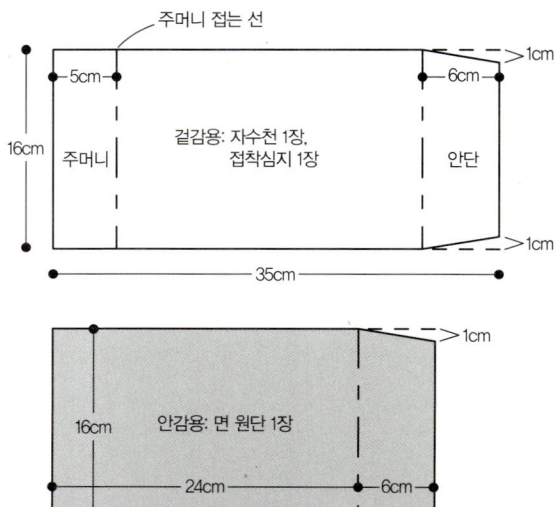

12.샘플러

Photo >> page.19

• 리넨 원단 밝은 회색
• 코스모 25번 자수실 분홍 112·2114, 초록 2118·119, 270·272·274, 315·317·2317·318, 324~329, 337·338, 534·535, 630·631·2631·632~634, 825, 진한 갈색 126·128·129·2129·130, 노랑 141·142, 299·301, 회색 2151·154·2154·155, 472·474~477, 890·891·894, 파랑 164, 412·2412·413, 524·525, 662·2662·663·664, 남청 173~175, 갈색 3185·186·2186·187, 306·309·311, 383~386, 팥색 235·236, 진한 빨강 240, 밝은 청록 252·253, 보라 281·2281·282·283, 빨강 2343·344, 회갈색 364~369, 713, 주황 2402, 빨간 자주 480, 핑크로즈 501·503, 터키블루 562·2563·564, 노란 갈색 575·576·578, 와인색 652·654, 밝은 회청색 731~733, 청록 843, 898~900, 빨간 갈색 853~855·857·858, 회청색 2981·982·983, 베이지 1000, 흰색 100, 500, 2500, 검정 600
◆ 지면 관계상 도안은 따로따로 해설했습니다. 사진을 참조하여 배치하세요.

* 배치도

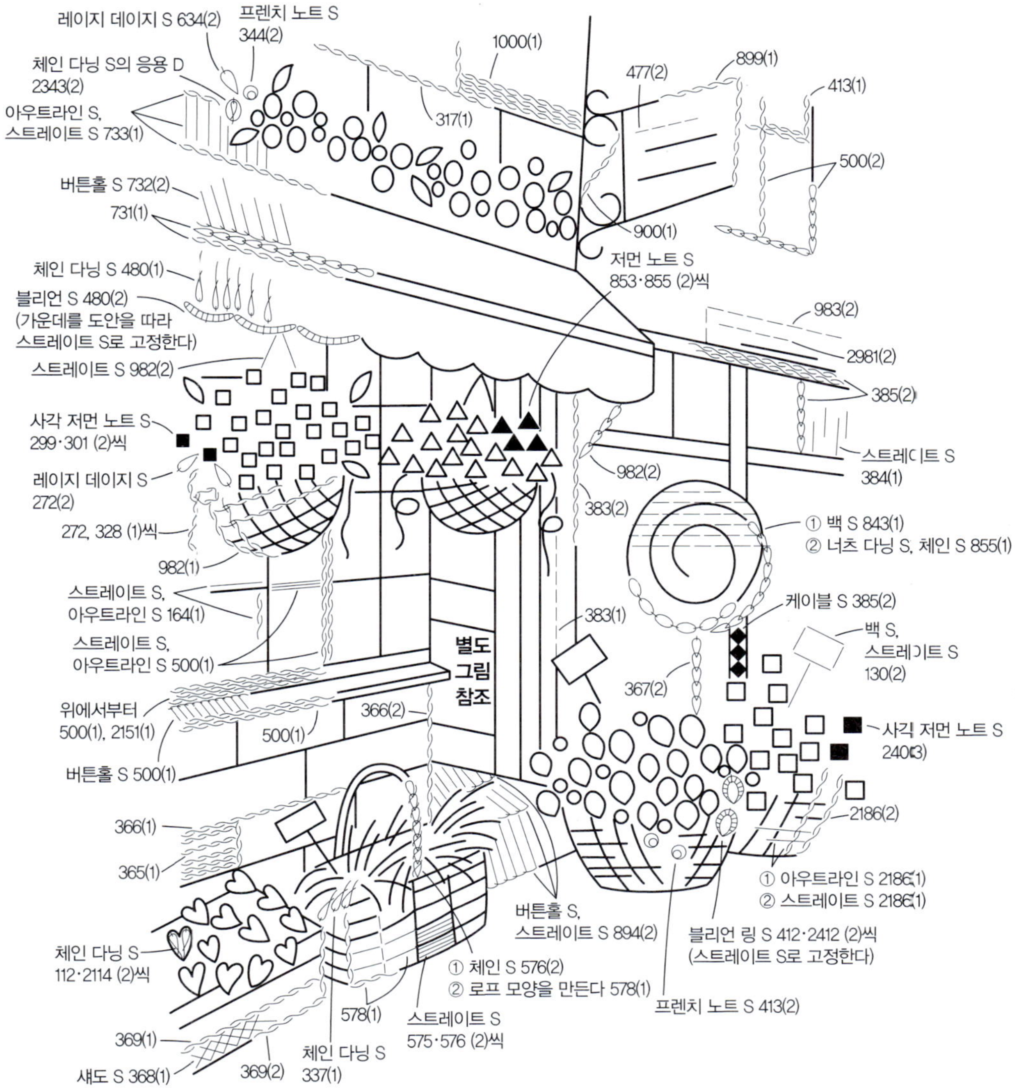

레이지 데이지 S 634(2)
프렌치 노트 S 344(2)
1000(1)
477(2)
899(1)
413(1)
체인 다닝 S의 응용 D 2343(2)
아웃라인 S, 스트레이트 S 733(1)
317(1)
500(2)
버튼홀 S 732(2)
731(1)
900(1)
저먼 노트 S 853·855 (2)씩
체인 다닝 S 480(1)
블리언 S 480(2)
(가운데를 도안을 따라 스트레이트 S로 고정한다)
983(2)
스트레이트 S 982(2)
2981(2)
385(2)
사각 저먼 노트 S 299·301 (2)씩
레이지 데이지 S 272(2)
982(2)
스트레이트 S 384(1)
272, 328 (1)씩
383(2)
① 백 S 843(1)
② 너츠 다닝 S, 체인 S 855(1)
982(1)
스트레이트 S, 아웃라인 S 164(1)
383(1)
케이블 S 385(2)
스트레이트 S, 아웃라인 S 500(1)
367(2)
백 S, 스트레이트 S 130(2)
별도 그림 참조
위에서부터 500(1), 2151(1)
366(2)
~사각 저먼 노트 S 240(3)
500(1)
버튼홀 S 500(1)
2186(2)
366(1)
365(1)
① 아웃라인 S 2186(1)
② 스트레이트 S 2186(1)
버튼홀 S, 스트레이트 S 894(2)
블리언 링 S 412·2412 (2)씩 (스트레이트 S로 고정한다)
체인 다닝 S 112·2114 (2)씩
① 체인 S 576(2)
② 로프 모양을 만든다 578(1)
프렌치 노트 S 413(2)
578(1)
스트레이트 S 575·576 (2)씩
369(1)
섀도 S 368(1)
369(2)
체인 다닝 S 337(1)

문 별도 그림
476(1)
474(1)
섀도 S 476(1)
476(1)

71

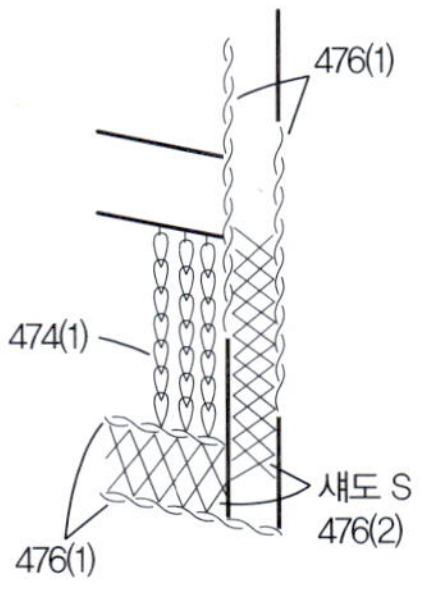

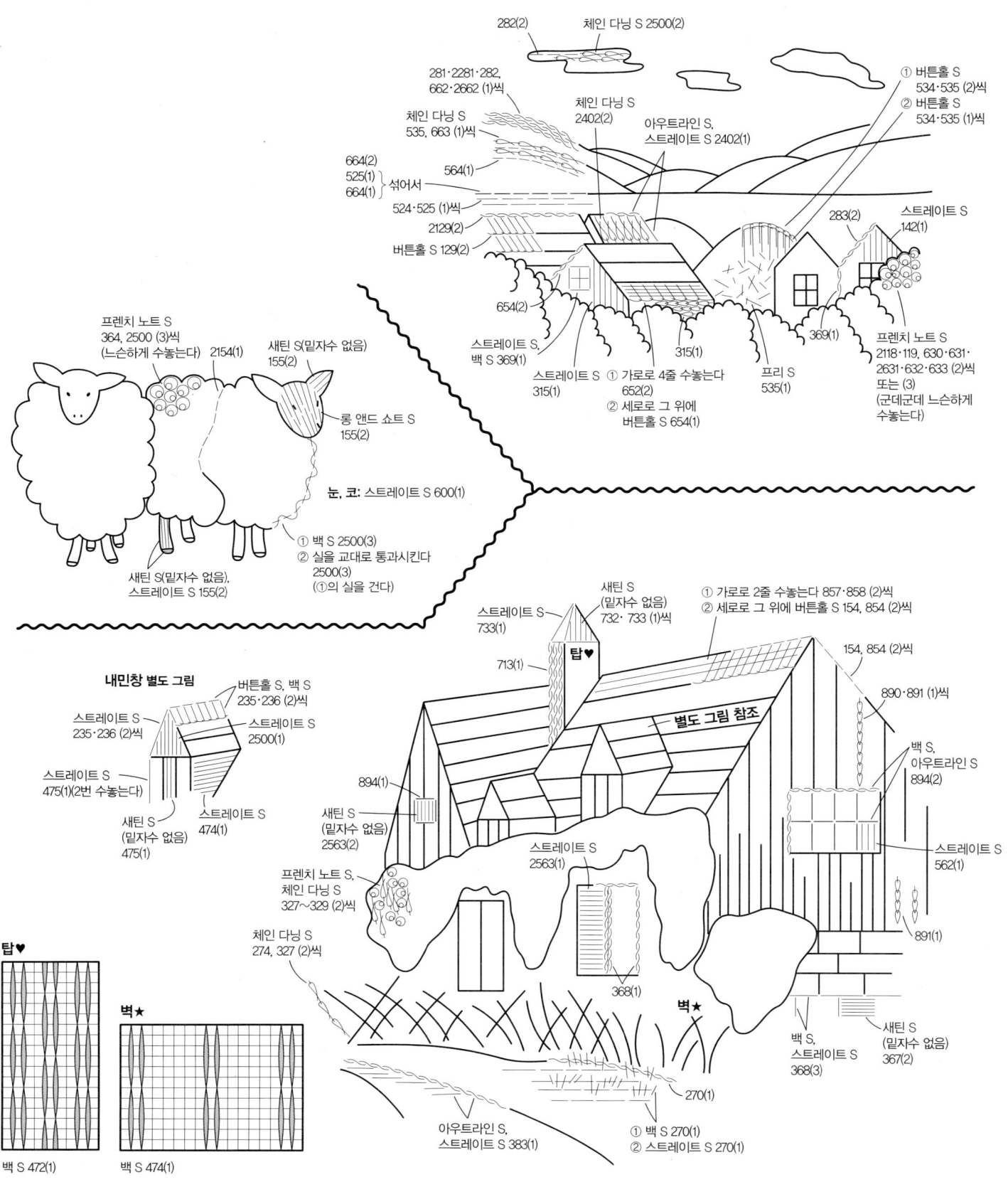

282(2)
체인 다닝 S 2500(2)
281·2281·282, 662·2662 (1)씩
체인 다닝 S 535, 663 (1)씩
체인 다닝 S 2402(2)
① 버튼홀 S 534·535 (2)씩
② 버튼홀 S 534·535 (1)씩
아우트라인 S, 스트레이트 S 2402(1)
564(1)
664(2) 525(1) 664(1) } 섞어서
524·525 (1)씩
2129(2)
버튼홀 S 129(2)
283(2)
스트레이트 S 142(1)
654(2)
315(1)
369(1)
스트레이트 S, 백 S 369(1)
스트레이트 S 315(1)
① 가로로 4줄 수놓는다 652(1)
② 세로로 그 위에 버튼홀 S 654(1)
프리 S 535(1)
프렌치 노트 S 2118·119, 630·631· 2631·632·633 (2)씩 또는 (3) (군데군데 느슨하게 수놓는다)

프렌치 노트 S 364, 2500 (3)씩 (느슨하게 수놓는다)
2154(1)
새틴 S(밑자수 없음) 155(2)
롱 앤드 쇼트 S 155(2)
눈, 코: 스트레이트 S 600(1)
새틴 S(밑자수 없음), 스트레이트 S 155(2)
① 백 S 2500(3)
② 실을 교대로 통과시킨다 2500(3) (①의 실을 건다)

새틴 S (밑자수 없음) 732· 733 (1)씩
스트레이트 S 733(1)
탑♥
① 가로로 2줄 수놓는다 857·858 (2)씩
② 세로로 그 위에 버튼홀 S 154, 854 (2)씩
154, 854 (2)씩
890·891 (1)씩
713(1)
별도 그림 참조
백 S, 아우트라인 S 894(2)

내민창 별도 그림
버튼홀, 백 S 235·236 (2)씩
스트레이트 S 235·236 (2)씩
스트레이트 S 2500(1)
스트레이트 S 475(1)(2번 수놓는다)
새틴 S (밑자수 없음) 475(1)
스트레이트 S 474(1)

894(1)
새틴 S (밑자수 없음) 2563(2)
스트레이트 S 2563(1)
스트레이트 S 562(1)
프렌치 노트 S, 체인 다닝 S 327~329 (2)씩
368(1)
벽★
891(1)
체인 다닝 S 274, 327 (2)씩
백 S, 스트레이트 S 368(3)
새틴 S (밑자수 없음) 367(2)
270(1)
아우트라인 S, 스트레이트 S 383(1)
① 백 S 270(1)
② 스트레이트 S 270(1)

탑♥
백 S 472(1)
벽★
백 S 474(1)

72

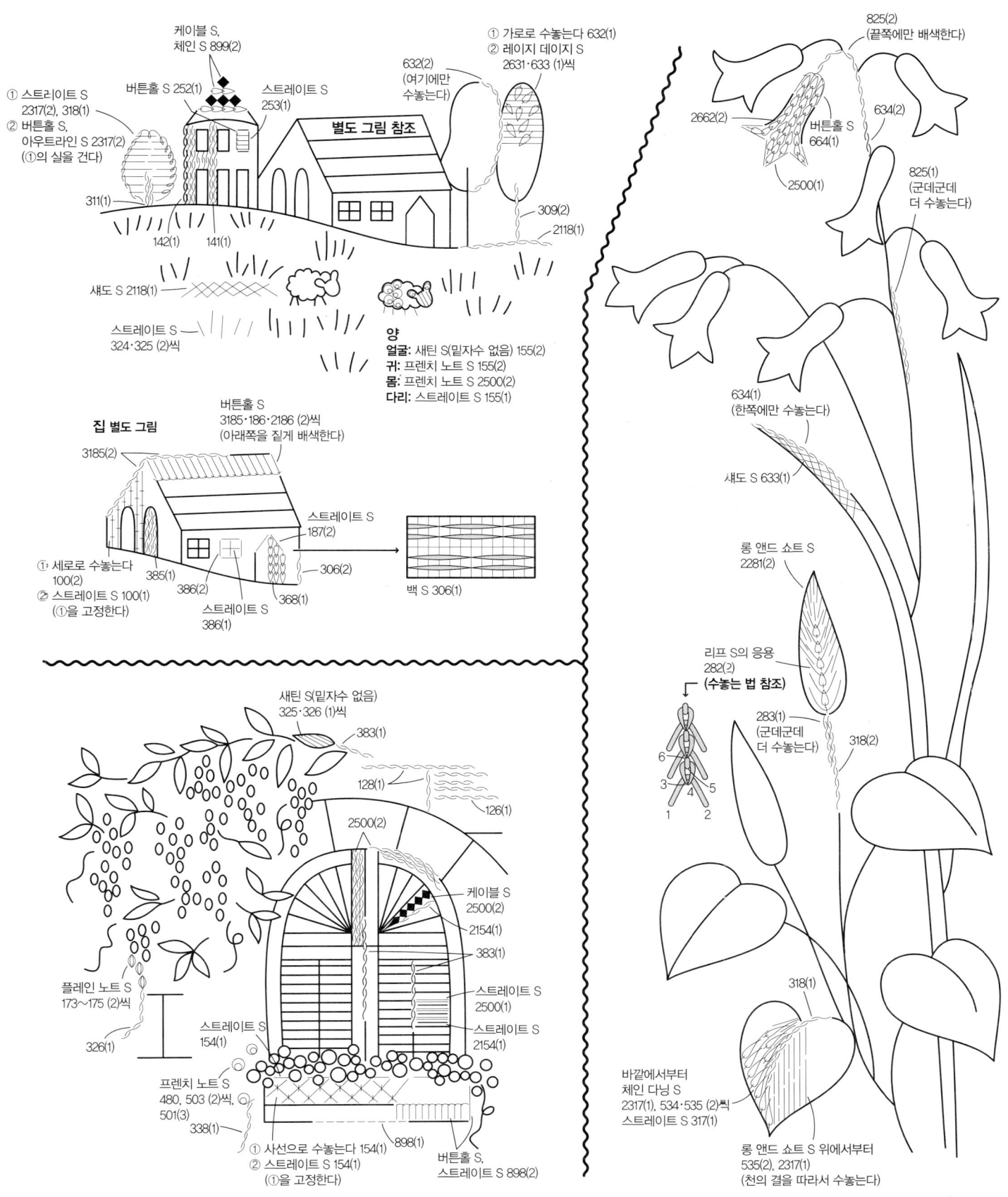

13.티 매트

Photo >> page.20

- 시판 수예용 리넨 티 매트 1장씩
- **여자아이** 코스모 25번 자수실 노랑 144, 장미색 222 · 2222 · 223 · 224, 초록 272, 318, 630 · 631 · 2631 · 633 · 634, 갈색 2307 · 308~310, 384 · 386, 빨강 341, 회갈색 368, 주황 403~405, 핑크로즈 502, 금갈색 700~702, 밝은 회청색 731~733, 청록 898 · 899
- **꽃바구니** 코스모 25번 자수실 노랑 143 · 145, 남청 2172 · 173 · 174, 초록 318, 534 · 535 · 536, 632, 회갈색 368, 주황 402 · 2402 · 403, 파랑 2412, 핑크로즈 499 · 501 · 502, 노란 갈색 574~576, 빨간 갈색 852~855, 흰색 2500

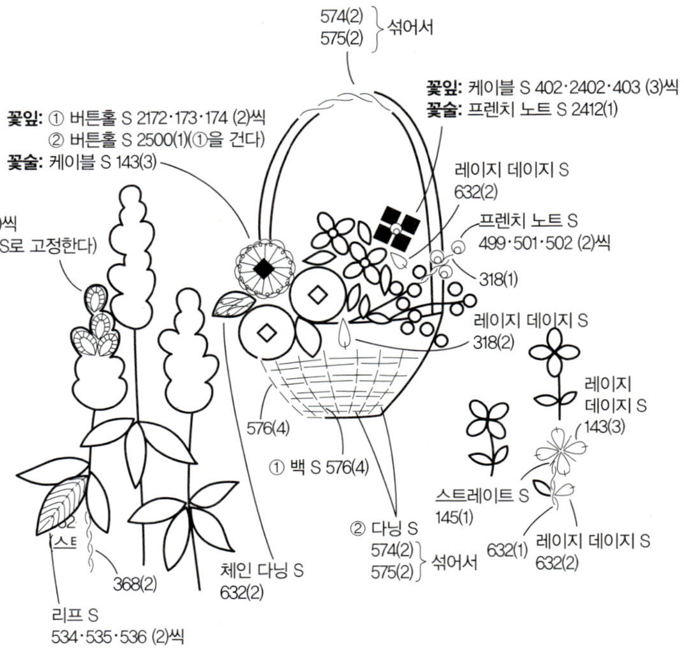

574(2)
575(2) } 섞어서

꽃잎: 케이블 S 402·2402·403 (3)씩
꽃술: 프렌치 노트 S 2412(1)

꽃잎: ① 버튼홀 S 2172·173·174 (2)씩
② 버튼홀 S 2500(1)(①을 건다)
꽃술: 케이블 S 143(3)

레이지 데이지 S
632(2)

프렌치 노트 S
499·501·502 (2)씩

318(1)

블리언 링 S
852~855 (2)씩
(스트레이트 S로 고정한다)

레이지 데이지 S
318(2)

레이지
데이지 S
143(3)

* 수놓는 법은 p.76
〈샘플러〉와 같음

576(4)

① 백 S 576(4)

스트레이트 S
145(1)

② 다닝 S
574(2)
575(2) } 섞어서

레이지 데이지 S
632(2)

632(1)

…2
…스트

368(2)

체인 다닝 S
632(2)

리프 S
534·535·536 (2)씩

프렌치 노트 S
700~702 (2)씩

368(1)

롱 앤드 쇼트 S(2단)
바깥에서부터
222·2222 (1)씩
2222·223 (1)씩

리프 S
272(2)

오픈 레이지 데이지 S
+ 스트레이트 S 631(1)

프렌치 노트 S
898·899 (2)씩

14.샘플러

Photo >> page.21

* 면 옥스퍼드 원단 아이보리
* 코스모 25번 자수실 초록 117·2117·118·2118·119·120, 317·2317·318·2319, 2533·534·535·2535·536·2536, 630·631·2631·632~635, 922~925, 노랑 141~145, 회색 151·2151·152·153·2154, 475·476, 891~895, 파랑 162~165, 2211·212·2212·213, 521~525, 장미색 223·224, 밝은 청록 253·2253, 갈색 2307·308~310, 381~386, 423·426, 빨강 341, 회갈색 364·367~369, 716, 주황 402·403~406, 빨간 갈색 462~465·467, 852~855, 핑크로즈 499·501·502, 진한 붉은 자주 556, 올리브색 682~685, 금갈색 701·702·703, 밝은 회청색 731~733, 청록 899, 회청색 2981·983, 흰색 100, 500
* 지면 관계상 도안은 따로따로 해설했습니다. 사진을 참조하여 배치하세요.

* 배치도

원피스 ♥
백 S
701·702 (1)씩

마차 ☆
스트레이트 S
983(2)

말
눈: 플레인 노트 S 476(1)
입: 아웃트라인 S 476(1)

하늘: 4칸 뜨기
521~523 (1)씩

리프 S
2631·632·633 (2)씩

케이블 S
499·501 (2)씩

368(1)이나 (2)

* **여자아이 갈래머리 만드는 법**
① 404(6), 406(6)을 섞어서 모자 도안 밑의 겉쪽에서 바늘을 넣는다
② ①의 옆으로 바늘을 빼서 ①과 합한 뒤에 세 가닥으로 나누어 땋는다
③ ②를 385(1)로 묶어서 고정한다
④ 실 끝을 가지런히 자른다

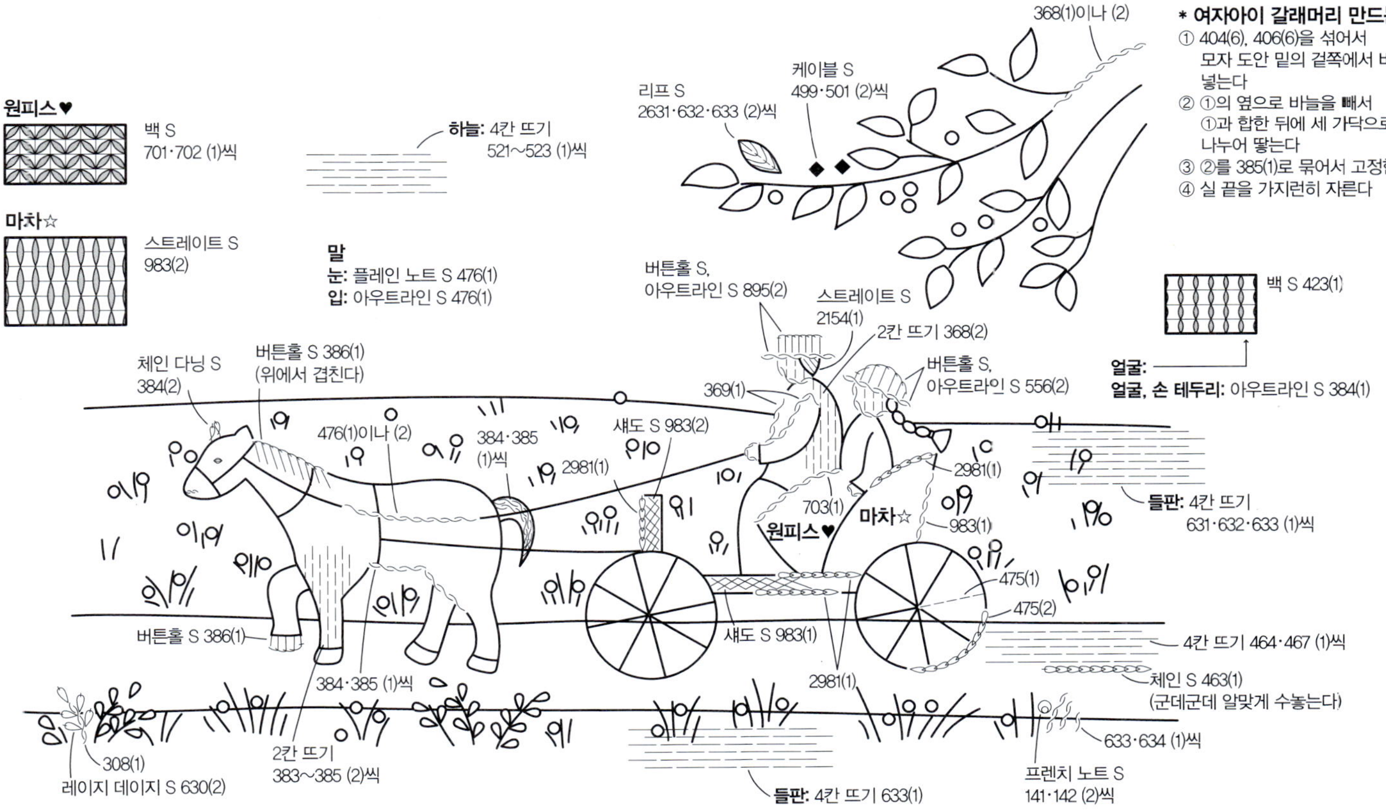

버튼홀 S,
아웃트라인 S 895(2)

스트레이트 S
2154(1)

2칸 뜨기 368(2)

백 S 423(1)

369(1)

버튼홀 S,
아웃트라인 S 556(2)

얼굴:
얼굴, 손 테두리: 아웃트라인 S 384(1)

체인 다닝 S
384(2)

버튼홀 S 386(1)
(위에서 겹친다)

476(1)이나 (2)

384·385
(1)씩

셰도 S 983(2)

2981(1)

703(1)

원피스 ♥

마차 ☆

2981(1)

983(1)

들판: 4칸 뜨기
631·632·633 (1)씩

475(1)

475(2)

버튼홀 S 386(1)

384·385 (1)씩

셰도 S 983(1)

2981(1)

4칸 뜨기 464·467 (1)씩

체인 S 463(1)
(군데군데 알맞게 수놓는다)

308(1)
레이지 데이지 S 630(2)

2칸 뜨기
383~385 (2)씩

들판: 4칸 뜨기 633(1)

633·634 (1)씩

프렌치 노트 S
141·142 (2)씩

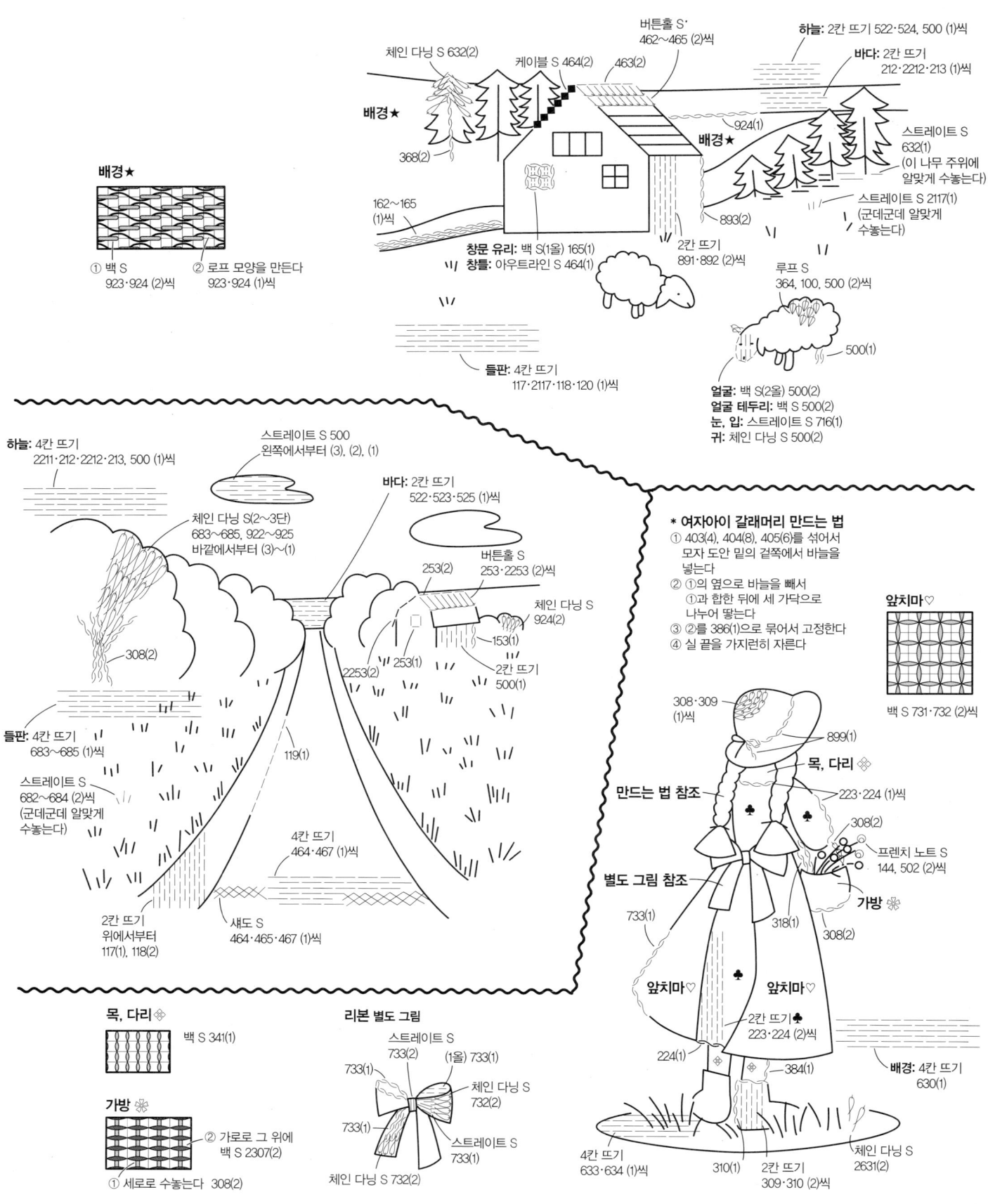

배경★
체인 다닝 S 632(2)
케이블 S 464(2)
버튼홀 S·
462~465 (2)씩
463(2)
하늘: 2칸 뜨기 522·524, 500 (1)씩
바다: 2칸 뜨기
212·2212·213 (1)씩

배경★
① 백 S
923·924 (2)씩
② 로프 모양을 만든다
923·924 (1)씩

368(2)
924(1)
배경★

스트레이트 S
632(1)
(이 나무 주위에
알맞게 수놓는다)

162~165
(1)씩

893(2)

스트레이트 S 2117(1)
(군데군데 알맞게
수놓는다)

창문 유리: 백 S(1올) 165(1)
창틀: 아웃트라인 S 464(1)

2칸 뜨기
891·892 (2)씩

루프 S
364, 100, 500 (2)씩

500(1)

들판: 4칸 뜨기
117·2117·118·120 (1)씩

얼굴: 백 S(2올) 500(2)
얼굴 테두리: 백 S 500(2)
눈, 입: 스트레이트 S 716(1)
귀: 체인 다닝 S 500(2)

하늘: 4칸 뜨기
2211·212·2212·213, 500 (1)씩

스트레이트 S 500
왼쪽에서부터 (3), (2), (1)

바다: 2칸 뜨기
522·523·525 (1)씩

체인 다닝 S(2~3단)
683~685, 922~925
바깥에서부터 (3)~(1)

253(2)

버튼홀 S
253·2253 (2)씩

체인 다닝 S
924(2)

308(2)

2253(2) 253(1)

153(1)

2칸 뜨기
500(1)

* 여자아이 갈래머리 만드는 법
① 403(4), 404(8), 405(6)를 섞어서
  모자 도안 밑의 겉쪽에서 바늘을
  넣는다
② ①의 옆으로 바늘을 빼서
  ①과 합한 뒤에 세 가닥으로
  나누어 땋는다
③ ②를 386(1)으로 묶어서 고정한다
④ 실 끝을 가지런히 자른다

앞치마♡

백 S 731·732 (2)씩

308·309
(1)씩

899(1)

들판: 4칸 뜨기
683~685 (1)씩

스트레이트 S
682~684 (2)씩
(군데군데 알맞게
수놓는다)

119(1)

4칸 뜨기
464·467 (1)씩

2칸 뜨기
위에서부터
117(1), 118(2)

섀도 S
464·465·467 (1)씩

만드는 법 참조

목, 다리 ◈
223·224 (1)씩

308(2)

프렌치 노트 S
144, 502 (2)씩

별도 그림 참조

가방 ✽

733(1)

318(1)

308(2)

목, 다리 ◈
백 S 341(1)

가방 ✽
② 가로로 그 위에
  백 S 2307(2)
① 세로로 수놓는다 308(2)

리본 별도 그림
스트레이트 S
733(2)
(1올) 733(1)
733(1)
체인 다닝 S
732(2)
733(1)
스트레이트 S
733(1)
체인 다닝 S 732(2)

앞치마♡

앞치마♡

2칸 뜨기 ♣
223·224 (2)씩

224(1)

384(1)

배경: 4칸 뜨기
630(1)

4칸 뜨기
633·634 (1)씩

310(1)

2칸 뜨기
309·310 (2)씩

체인 다닝 S
2631(2)

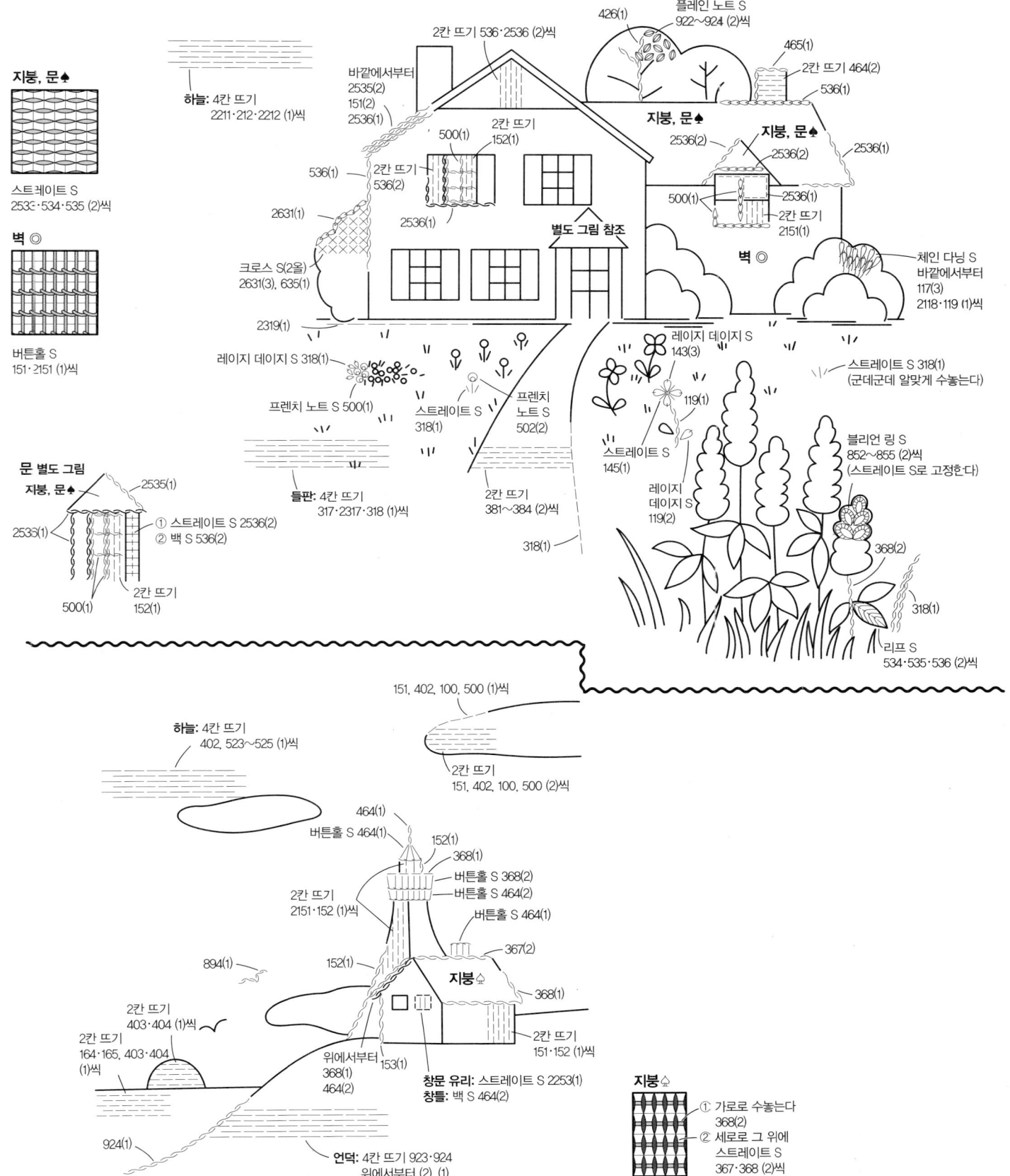

지붕, 문♠
스트레이트 S
2533·534·535 (2)씩

벽◎
버튼홀 S
151·2151 (1)씩

하늘: 4칸 뜨기
2211·212·2212 (1)씩

2칸 뜨기 536·2536 (2)씩

플레인 노트 S
922~924 (2)씩

426(1)

465(1)

2칸 뜨기 464(2)

536(1)

바깥에서부터
2535(2)
151(2)
2536(1)

지붕, 문♠

2536(2)

지붕, 문♠

2536(2)

2536(1)

2칸 뜨기
152(1)

500(1)

2칸 뜨기
536(2)

536(1)

500(1)

2536(1)

2칸 뜨기
2151(1)

벽◎

체인 다닝 S
바깥에서부터
117(3)
2118·119 (1)씩

2631(1)

2536(1)

별도 그림 참조

크로스 S(2올)
2631(3), 635(1)

2319(1)

레이지 데이지 S 318(1)

프렌치 노트 S 500(1)

스트레이트 S
318(1)

프렌치
노트 S
502(2)

레이지 데이지 S
143(3)

스트레이트 S
145(1)

119(1)

레이지
데이지 S
119(2)

스트레이트 S 318(1)
(군데군데 알맞게 수놓는다)

블리언 링 S
852~855 (2)씩
(스트레이트 S로 고정한다)

368(2)

318(1)

리프 S
534·535·536 (2)씩

문 별도 그림
지붕, 문♠

2535(1)

2535(1)

① 스트레이트 S 2536(2)
② 백 S 536(2)

500(1)

2칸 뜨기
152(1)

들판: 4칸 뜨기
317·2317·318 (1)씩

2칸 뜨기
381~384 (2)씩

318(1)

하늘: 4칸 뜨기
402, 523~525 (1)씩

151, 402, 100, 500 (1)씩

2칸 뜨기
151, 402, 100, 500 (2)씩

464(1)

버튼홀 S 464(1)

152(1)

368(1)

버튼홀 S 368(2)

버튼홀 S 464(2)

버튼홀 S 464(1)

2칸 뜨기
2151·152 (1)씩

367(2)

894(1)

152(1)

지붕♠

368(1)

2칸 뜨기
403·404 (1)씩

2칸 뜨기
164·165, 403·404
(1)씩

위에서부터
368(1)
464(2)

153(1)

2칸 뜨기
151·152 (1)씩

창문 유리: 스트레이트 S 2253(1)
창틀: 백 S 464(2)

지붕♠
① 가로로 수놓는다
368(2)
② 세로로 그 위에
스트레이트 S
367·368 (2)씩

924(1)

언덕: 4칸 뜨기 923·924
위에서부터 (2), (1)

Animals

15. 샘플러

Photo >> page.22

- 리넨 원단 밝은 회색
- 코스모 25번 자수실 초록 116 · 119 · 120 · 2120 · 121, 269~272, 2317 · 318 · 319, 325 · 326 · 328 · 329, 333 · 335, 533 · 2533 · 534 · 535 · 2535 · 536 · 2536 · 537, 631 · 2631 · 632~634, 671 · 672, 674, 821~823, 921~925, 진한 갈색 129 · 2129, 회색 151 · 2151 · 152~154, 472~477, 파랑 163~166, 214 · 2214 · 215, 412 · 2412, 521~525, 662 · 663 · 664 · 2664, 남청 174, 갈색 2185 · 186, 305~307 · 2307 · 308 · 310 · 311 · 2311 · 312, 382~386, 424 · 2424 · 425 · 426, 밝은 청록 251 · 252 · 253 · 2253 · 254, 보라 281 · 282 · 283 · 286, 2762, 노랑 297~299, 빨강 340, 회갈색 364~369, 714~716, 주황 402 · 2402 · 403 · 404, 팥색 435 · 437, 빨간 갈색 465 · 466, 851 · 857 · 858, 빨간 자주 480~483, 진한 붉은 자주 551~554 · 556, 터키블루 564 · 565, 노란 갈색 572~578, 771~774, 올리브색 682~684 · 686, 금갈색 2702 · 704, 밝은 회청색 730~732 · 734, 빨간 주황 750~752, 회청색 981 · 2981 · 982 · 983, 베이지 1000, 흰색 100, 검정 600
- 코스모 마블 스레드(해설에서는 M으로 표기) 13
- AIKASHA 모헤어 자수실(해설에서는 MH로 표기) 542
- 지면 관계상 도안은 따로따로 해설했습니다. 사진을 참조하여 배치하세요.
- 코스모 마블 스레드는 코스모 시즌즈 그러데이션으로 대체 가능합니다.

* 배치도

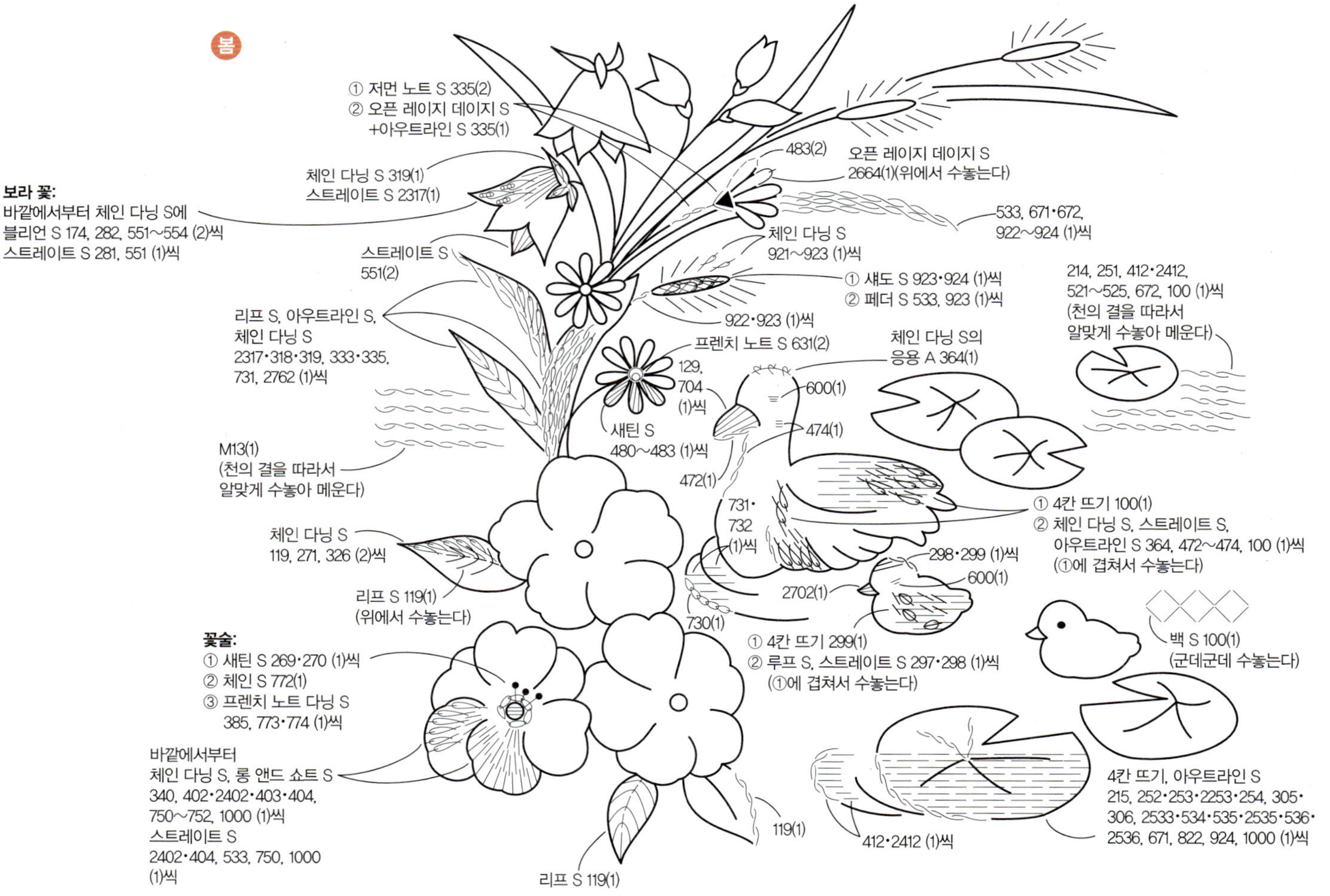

봄

① 저먼 노트 S 335(2)
② 오픈 레이지 데이지 S +아우트라인 S 335(1)

체인 다닝 S 319(1)
스트레이트 S 2317(1)

보라 꽃:
바깥에서부터 체인 다닝 S에 블리언 S 174, 282, 551~554 (2)씩 스트레이트 S 281, 551 (1)씩

스트레이트 S 551(2)

리프 S, 아우트라인 S, 체인 다닝 S 2317 · 318 · 319, 333 · 335, 731, 2762 (1)씩

M13(1) (천의 결을 따라서 알맞게 수놓아 메운다)

체인 다닝 S 119, 271, 326 (2)씩

리프 S 119(1) (위에서 수놓는다)

꽃술:
① 새틴 S 269 · 270 (1)씩
② 체인 S 772(1)
③ 프렌치 노트 다닝 S 385, 773 · 774 (1)씩

바깥에서부터 체인 다닝 S, 롱 앤드 쇼트 S 340, 402 · 2402 · 403 · 404, 750~752, 1000 (1)씩 스트레이트 S 2402 · 404, 533, 750, 1000 (1)씩

483(1)   오픈 레이지 데이지 S 2664(1)(위에서 수놓는다)

체인 다닝 S 921~923 (1)씩

① 섀도 S 923 · 924 (1)씩
② 페더 S 533, 923 (1)씩

922 · 923 (1)씩

프렌치 노트 S 631(2)

129, 704 (1)씩

새틴 S 480~483 (1)씩

472(1)

600(1)

474(1)

체인 다닝 S의 응용 A 364(1)

533, 671 · 672, 922~924 (1)씩

214, 251, 412 · 2412, 521~525, 672, 100 (1)씩 (천의 결을 따라서 알맞게 수놓아 메운다)

731 · 732 (1)씩

298 · 299 (1)씩

600(1)

2702(1)

730(1)

① 4칸 뜨기 299(1)
② 루프 S, 스트레이트 S 297 · 298 (1)씩 (①에 겹쳐서 수놓는다)

① 4칸 뜨기 100(1)
② 체인 다닝 S, 스트레이트 S, 아우트라인 S 364, 472~474, 100 (1)씩 (①에 겹쳐서 수놓는다)

백 S 100(1) (군데군데 수놓는다)

4칸 뜨기, 아우트라인 S 215, 252 · 253 · 2253 · 254, 305 · 306, 2533 · 534 · 535 · 2535 · 536 · 2536, 671, 822, 924, 1000 (1)씩

412 · 2412 (1)씩

119(1)

리프 S 119(1)

78

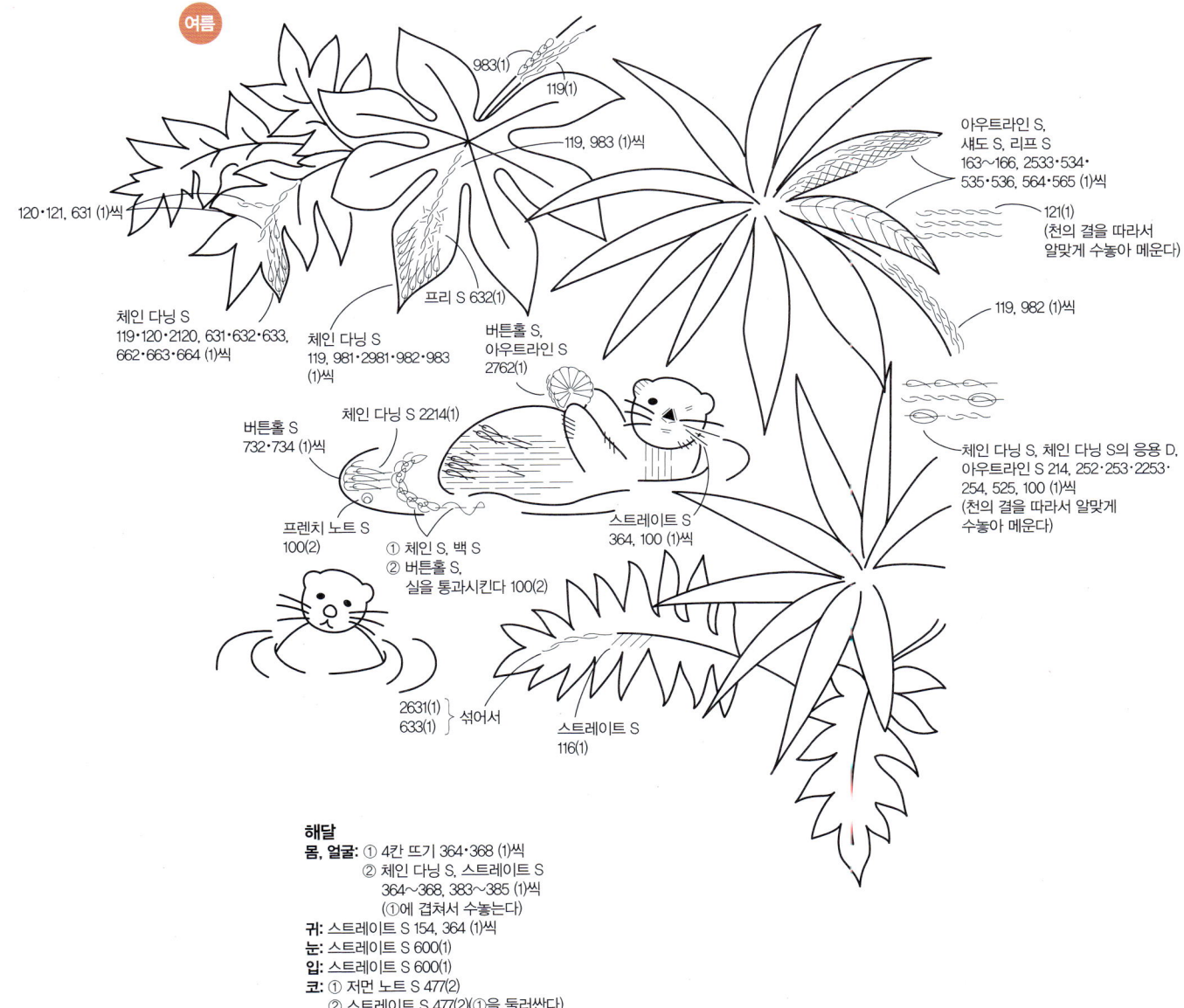

여름

983(1)

119(1)

119, 983 (1)씩

120·121, 631 (1)씩

체인 다닝 S
119·120·2120, 631·632·633,
662·663·664 (1)씩

체인 다닝 S
119, 981·2981·982·983
(1)씩

프리 S 632(1)

버튼홀 S,
아우트라인 S
2762(1)

아우트라인 S,
섀도 S, 리프 S
163~166, 2533·534·
535·536, 564·565 (1)씩

121(1)
(천의 결을 따라서
알맞게 수놓아 메운다)

119, 982 (1)씩

버튼홀 S
732·734 (1)씩

체인 다닝 S 2214(1)

프렌치 노트 S
100(2)

① 체인 S, 백 S
② 버튼홀 S,
실을 통과시킨다 100(2)

스트레이트 S
364, 100 (1)씩

체인 다닝 S, 체인 다닝 S의 응용 D,
아우트라인 S 214, 252·253·2253·
254, 525, 100 (1)씩
(천의 결을 따라서 알맞게
수놓아 메운다)

2631(1)
633(1) } 섞어서

스트레이트 S
116(1)

해달
몸, 얼굴: ① 4칸 뜨기 364·368 (1)씩
② 체인 다닝 S, 스트레이트 S
364~368, 383~385 (1)씩
(①에 겹쳐서 수놓는다)
귀: 스트레이트 S 154, 364 (1)씩
눈: 스트레이트 S 600(1)
입: 스트레이트 S 600(1)
코: ① 저먼 노트 S 477(2)
② 스트레이트 S 477(2)(①을 둘러싼다)

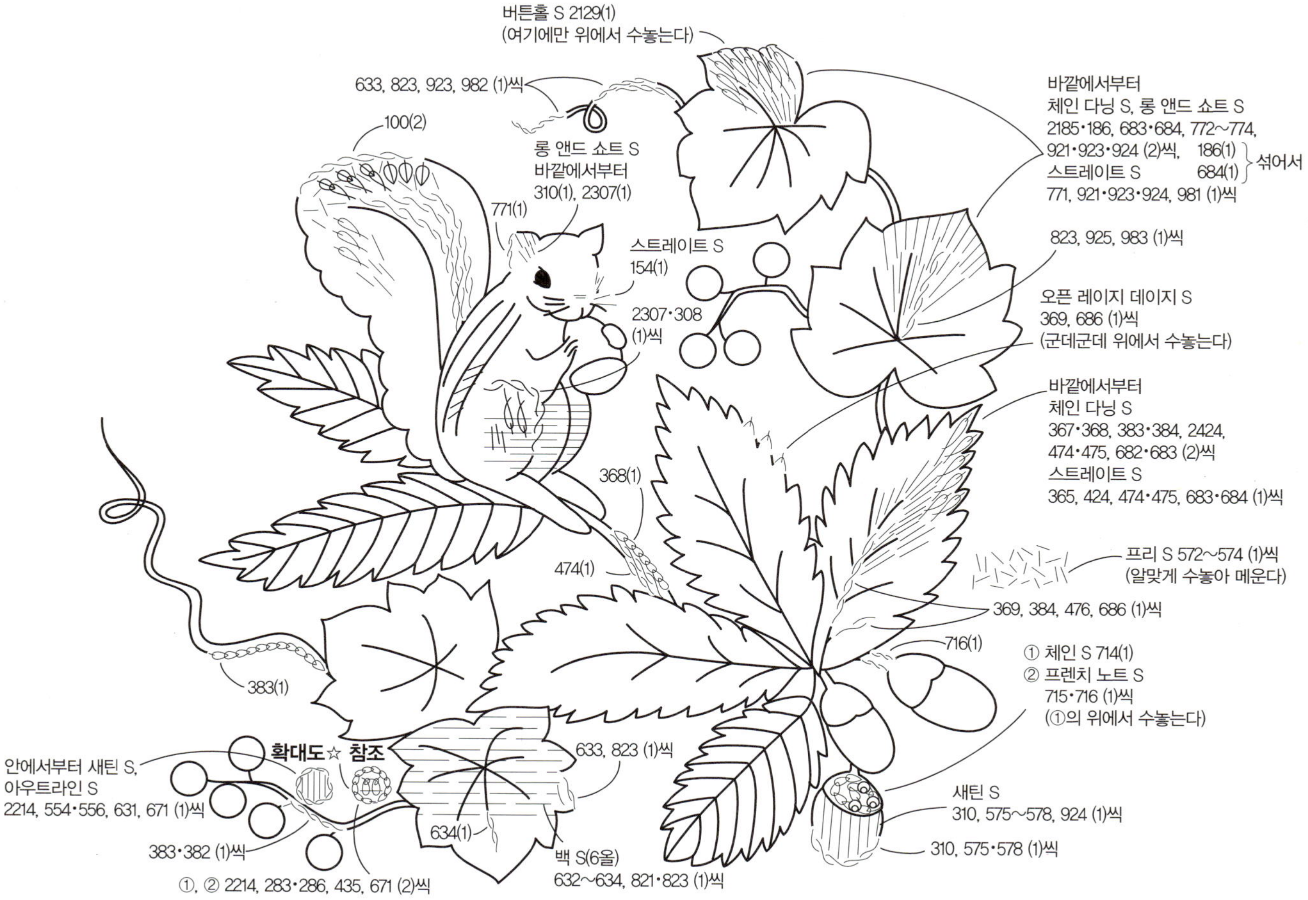

버튼홀 S 2129(1)
(여기에만 위에서 수놓는다)

633, 823, 923, 982 (1)씩

롱 앤드 쇼트 S
바깥에서부터
310(1), 2307(1)

100(2)

771(1)

스트레이트 S
154(1)

2307·308
(1)씩

368(1)

474(1)

383(1)

바깥에서부터
체인 다닝 S, 롱 앤드 쇼트 S
2185·186, 683·684, 772~774,
921·923·924 (2)씩, 186(1)
스트레이트 S   684(1) } 섞어서
771, 921·923·924, 981 (1)씩

823, 925, 983 (1)씩

오픈 레이지 데이지 S
369, 686 (1)씩
(군데군데 위에서 수놓는다)

바깥에서부터
체인 다닝 S
367·368, 383·384, 2424,
474·475, 682·683 (2)씩
스트레이트 S
365, 424, 474·475, 683·684 (1)씩

프리 S 572~574 (1)씩
(알맞게 수놓아 메운다)

369, 384, 476, 686 (1)씩

716(1)

① 체인 S 714(1)
② 프렌치 노트 S
715·716 (1)씩
(①의 위에서 수놓는다)

안에서부터 새틴 S,
아우트라인 S
2214, 554·556, 631, 671 (1)씩

확대도☆ 참조

633, 823 (1)씩

383·382 (1)씩

634(1)

①, ② 2214, 283·286, 435, 671 (2)씩

백 S(6올)
632~634, 821·823 (1)씩

새틴 S
310, 575~578, 924 (1)씩

310, 575·578 (1)씩

수놓는 법♥

1 3
2
3 4 4

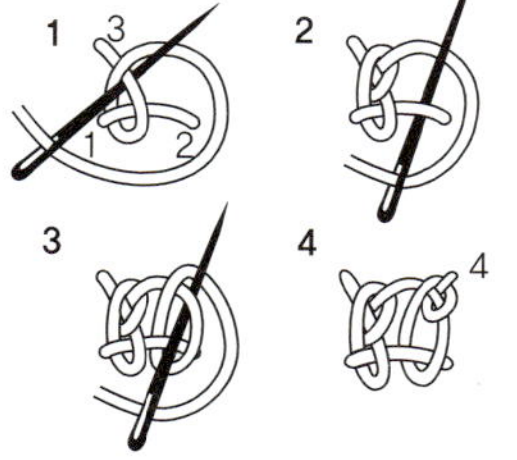

열매 확대도☆

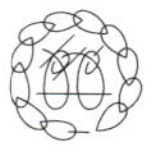

① 체인 S
② 사각 저먼 노트 S의 응용
(수놓는 법♥ 참조)
③ 스트레이트 S
(☆ 표시된 열매만 위에서
겹쳐서 수놓는다)

다람쥐
몸, 얼굴: ① 4칸 뜨기 364(1)
② 체인 다닝 S, 스트레이트 S
306·307·2307, 311, 1000 (1)씩
(①에 겹쳐서 수놓는다)
눈: ① 스트레이트 S 600(1)
② 스트레이트 S 151(1)(①에 겹쳐서 수놓는다)
코: 스트레이트 S 2311(1)
꼬리: ① 프리 S 306(1)(수놓아 메운다)
② 아우트라인 S 306·2307·308, 312 (1)씩
③ 체인 다닝 S, 스트레이트 S 574(1)
④ 체인 다닝 S에 루프 S, 루프 S
100(2), 306, 100(섞어서 (2)

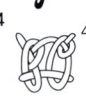

겨울

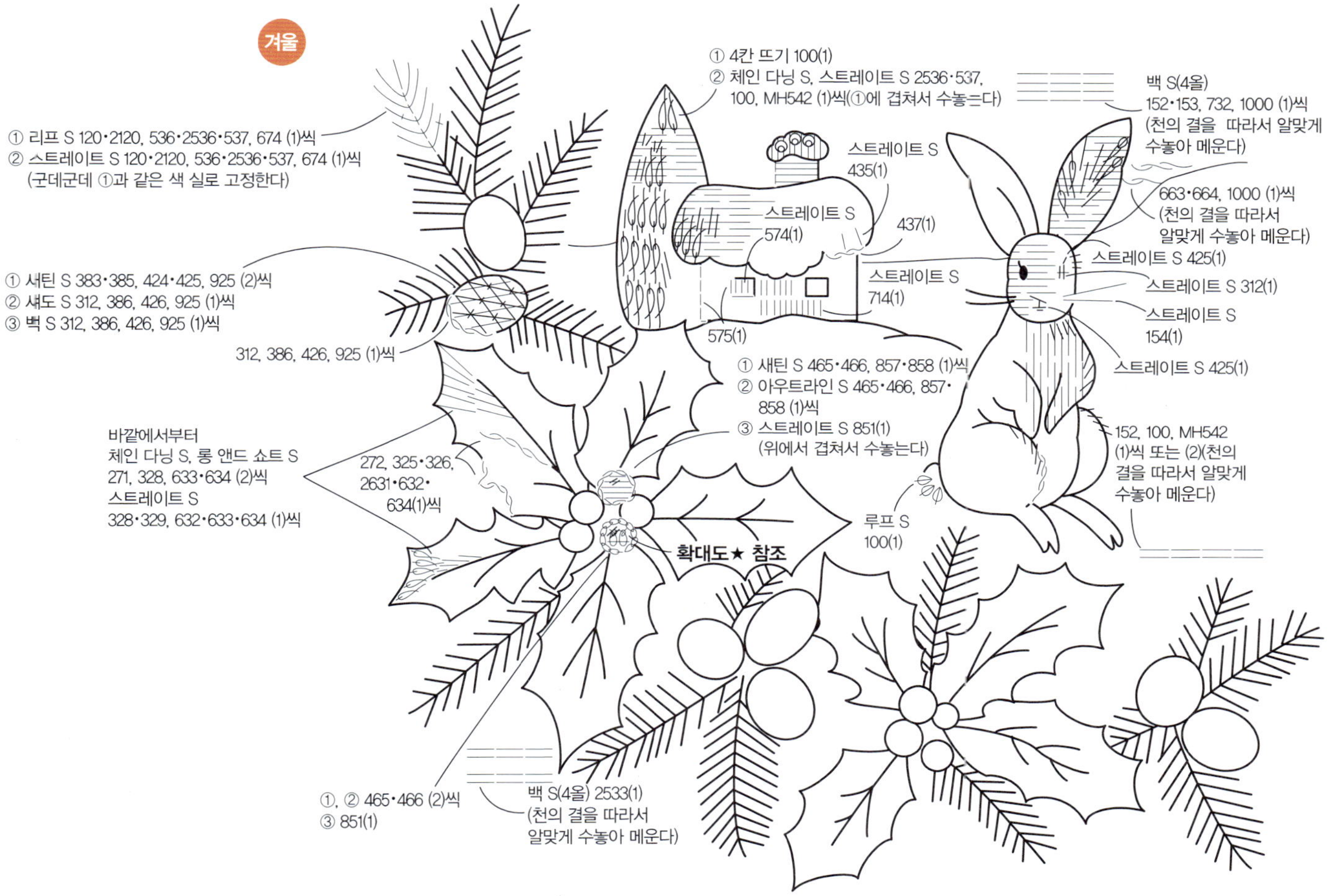

① 리프 S 120·2120, 536·2536·537, 674 (1)씩
② 스트레이트 S 120·2120, 536·2536·537, 674 (1)씩
(군데군데 ①과 같은 색 실로 고정한다)

① 새틴 S 383·385, 424·425, 925 (2)씩
② 섀도 312, 386, 426, 925 (1)씩
③ 벽 S 312, 386, 426, 925 (1)씩

312, 386, 426, 925 (1)씩

바깥에서부터
체인 다닝 S, 롱 앤드 쇼트 S
271, 328, 633·634 (2)씩
스트레이트 S
328·329, 632·633·634 (1)씩

272, 325·326,
2631·632·
634(1)씩

확대도★ 참조

① 4칸 뜨기 100(1)
② 체인 다닝 S, 스트레이트 S 2536·537,
100, MH542 (1)씩(①에 겹쳐서 수놓는다)

스트레이트 S
435(1)

스트레이트 S
574(1)

437(1)

스트레이트 S
714(1)

575(1)

① 새틴 S 465·466, 857·858 (1)씩
② 아웃라인 S 465·466, 857·
858 (1)씩
③ 스트레이트 S 851(1)
(위에서 겹쳐서 수놓는다)

루프 S
100(1)

백 S(4올)
152·153, 732, 1000 (1)씩
(천의 결을 따라서 알맞게
수놓아 메운다)

663·664, 1000 (1)씩
(천의 결을 따라서
알맞게 수놓아 메운다)

스트레이트 S 425(1)
스트레이트 S 312(1)
스트레이트 S
154(1)

스트레이트 S 425(1)

152, 100, MH542
(1)씩 또는 (2)(천의
결을 따라서 알맞게
수놓아 메운다)

①, ② 465·466 (2)씩
③ 851(1)

백 S(4올) 2533(1)
(천의 결을 따라서
알맞게 수놓아 메운다)

집
굴뚝: 백 S, 스트레이트 S
474·475 (1)씩
굴뚝의 눈: 스트레이트 S,
프렌치 노트 S 100,
MH542 (1)씩
지붕:
① 4칸 뜨기 100(1)
② 체인 다닝 S, 스트레이트 S
152, 100, MH542 (1)씩
(①에 겹쳐서 수놓는다)

토끼
귀, 얼굴, 몸:
① 4칸 뜨기 100(1)
② 체인 다닝 S, 체인 다닝 S에 루프 S,
스트레이트 S, 아웃라인 S
151·2151·152~154, 100 (1)씩
(①에 겹쳐서 수놓는다)

열매 확대도★ 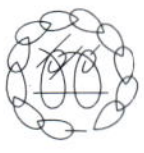
① 체인 S
② 사각 저먼 노트 S의 응용
(**수놓는 법♥ 참조**)
③ 스트레이트 S
(★ 표시된 열매만 위에서
겹쳐서 수놓는다)

수놓는 법♥
1
2
3
4

Animals
16. 가방

Photo >> page.23

- 리넨 원단 진한 남색 45cm×80cm, 안감용 면 원단 검정 35cm× 70cm, 접착심지 45cm×80cm
- 코스모 25번 자수실 회색 151·154, 473·475·476, 갈색 306·307· 2307·308·310·311·2311·312, 381~385, 424·2424·425·426, 회갈색 364·366~368, 노란 갈색 574, 771, 베이지 1000, 흰색 100, 검정 600

424·2424·426 (2)씩

스트레이트 S 424(2)

2424(2)

426(1)

385(1)

아일릿 워크 424(1)

셰도 S. 아웃라인 S 381·383 (1)씩

버튼홀 S 385, 2424·425 (1)씩

* 수놓는 법, 색깔은 정해진 것 이외에는 모두 p.80 〈샘플러〉 가을과 같음

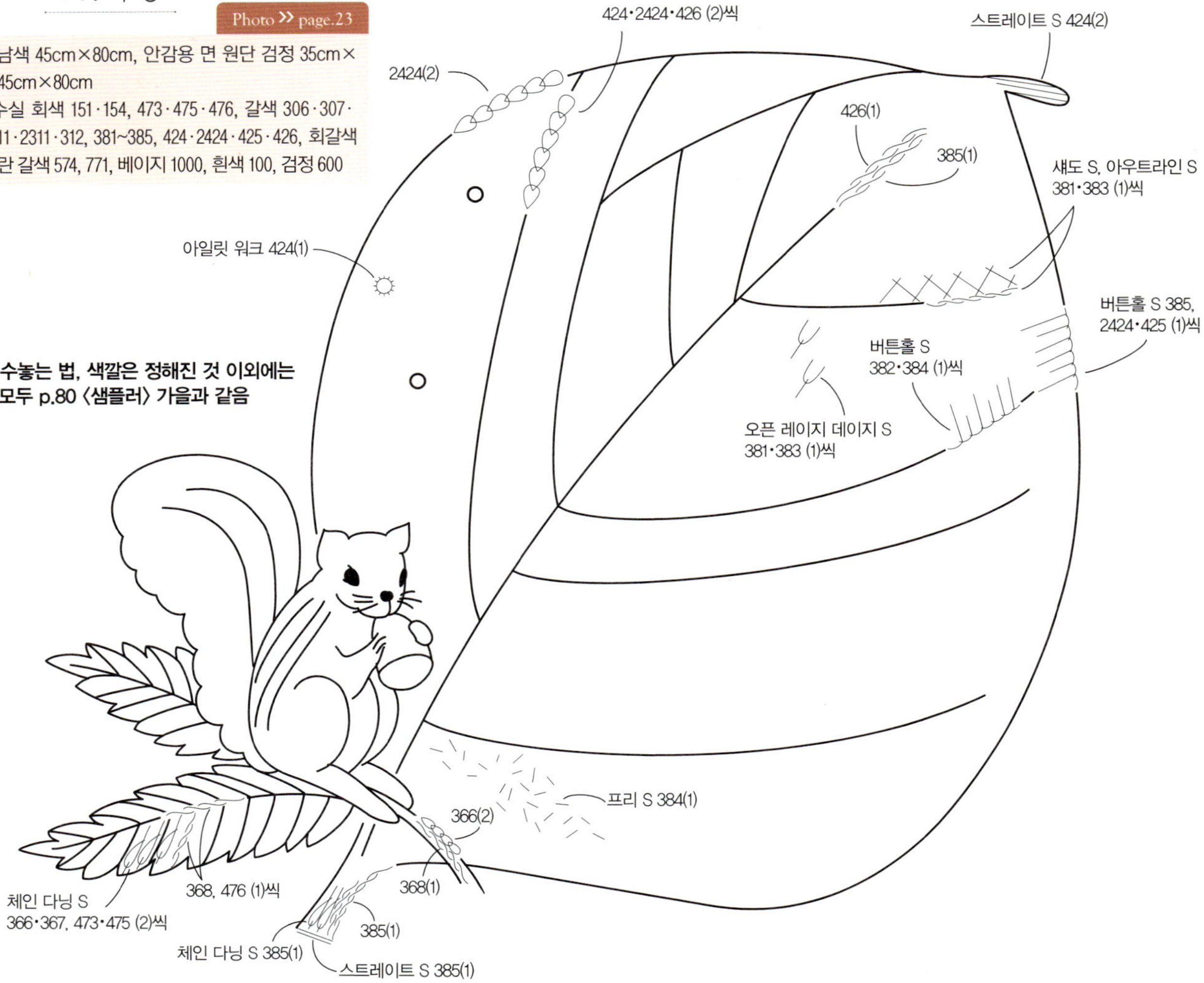

버튼홀 S 382·384 (1)씩

오픈 레이지 데이지 S 381·383 (1)씩

프리 S 384(1)

366(2)

체인 다닝 S 366·367, 473·475 (2)씩

368, 476 (1)씩

368(1)

체인 다닝 S 385(1)

385(1)

스트레이트 S 385(1)

* 만드는 법
① 리넨 원단에 수를 놓고 뒷면에 접착심지를 붙인다
② 손잡이를 만든다(별도 그림 참조)
③ ①과 안가방용 천을 겉끼리 맞대고 사이에 손잡이를 끼워서 가방 입구를 박음질한다(별도 그림 참조)
④ ③의 겉가방과 안가방을 각각 그림처럼 겉끼리 맞닿게 접고, 안가방에 창구멍을 남기면서 양 옆을 박음질한다(별도 그림 참조)
⑤ 겉가방과 안가방에 옆면을 만든다(별도 그림 참조)
⑥ 안가방의 창구멍을 통해서 겉으로 뒤집고 창구멍을 감친다
⑦ 안가방을 겉가방 속에 넣고 가방 입구를 박음질한다

④별도 그림

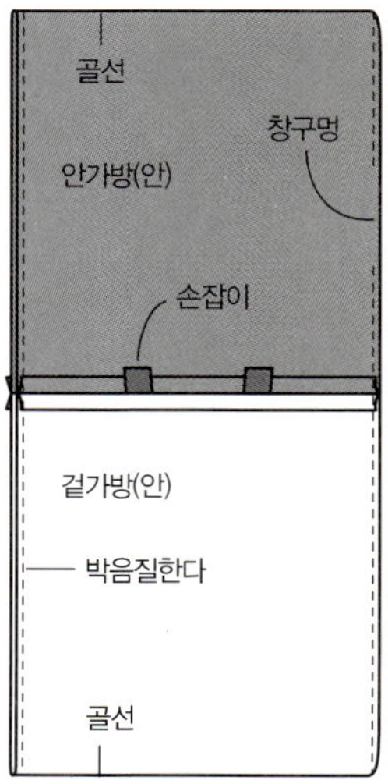

골선

창구멍

안가방(안)

손잡이

②별도 그림

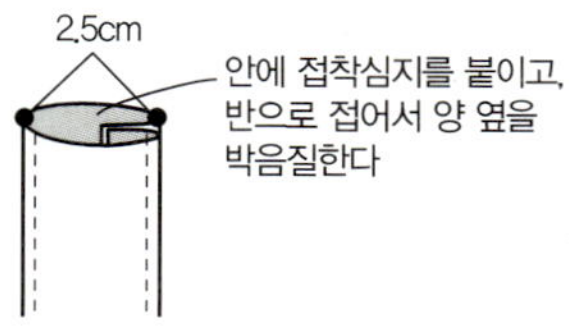

2.5cm

안에 접착심지를 붙이고, 반으로 접어서 양 옆을 박음질한다

③별도 그림

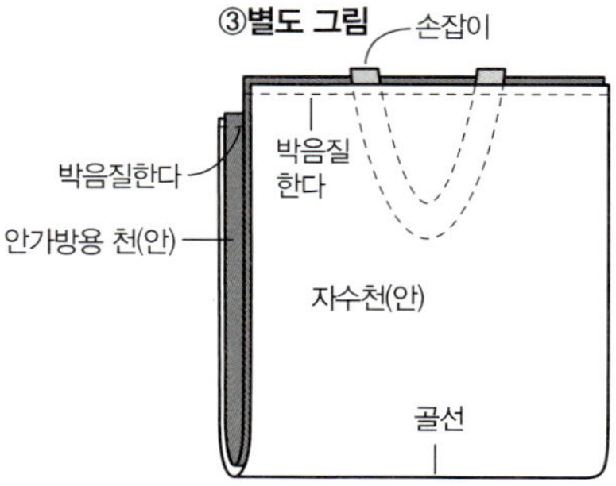

손잡이

박음질한다

박음질 한다

안가방용 천(안)

자수천(안)

골선

겉가방(안)

박음질한다

골선

⑤별도 그림

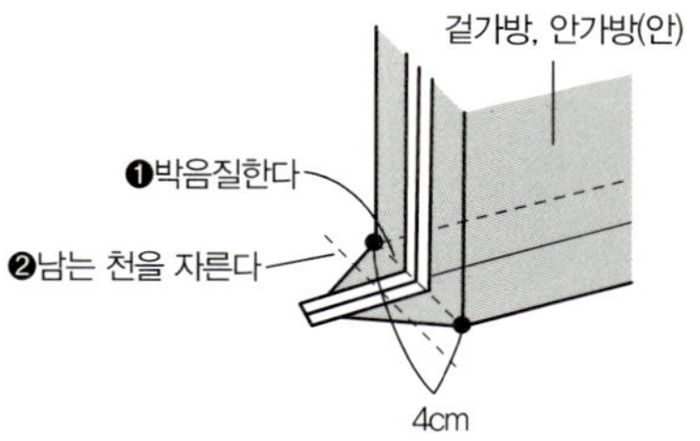

겉가방, 안가방(안)

❶박음질한다

❷남는 천을 자른다

4cm

82

17. 파우치

Photo ≫ page.23

- 리넨 원단 진한 남색 40cm×20cm, 안감용 면 원단 40cm×20cm, 접착심지 40cm×20cm
- 코스모 25번 자수실 갈색 311, 383·384, 424·2424, 초록 324, 334, 회갈색 366~369, 노란 갈색 574
- 12cm 너비 반달 프레임 1개, 접착제 조금

가운데

실제 크기 종이본
겉감: 리넨 원단 2장
안감: 면 원단 2장
접착심지: 2장

트임 끝

* 수놓는 법은 정해진 것 이외에는
  모두 p.80 〈샘플러〉 가을과 같음

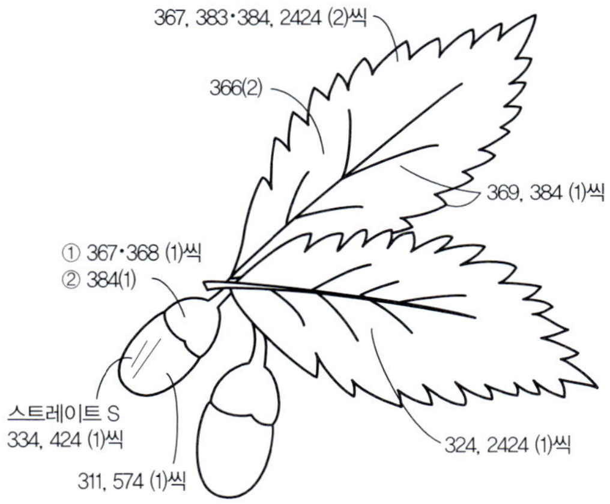

367, 383·384, 2424 (2)씩

366(2)

369, 384 (1)씩

① 367·368 (1)씩
② 384(1)

스트레이트 S
334, 424 (1)씩

311, 574 (1)씩

324, 2424 (1)씩

* **만드는 법**
① 리넨 원단에 수를 놓은 후, 뒷면어 접착심지를 붙여서
  종이본대로 재단한다
② 겉감을 겉끼리 맞닿게 접고 트임 끝까지 박음질해 겉주머니를 만든다
  같은 방법으로 안감으로 속주머니도 만든다
③ 겉주머니, 안주머니에 각각 바닥 옆면을 박음질한다(별도 그림 참조)
④ 겉주머니만 겉으로 뒤집어 안주머니 속에 넣고, 창구멍만 남기고
  주머니 입구를 박음질한다
⑤ ④를 겉으로 뒤집어서 창구멍을 감친다
⑥ 반달 프레임의 홈에 접착제를 짜 넣고, ④를 송곳 등을 이용하여
  홈에 넣어 준다
⑦ 반달 프레임 옆의 홈을 펜치로 꽉 눌러서 고정한다
※ 프레임의 종류에 따라 구조가 다를 수도 있으므로, 부속의 설명서를
  잘 읽고 나서 만든다

③별도 그림

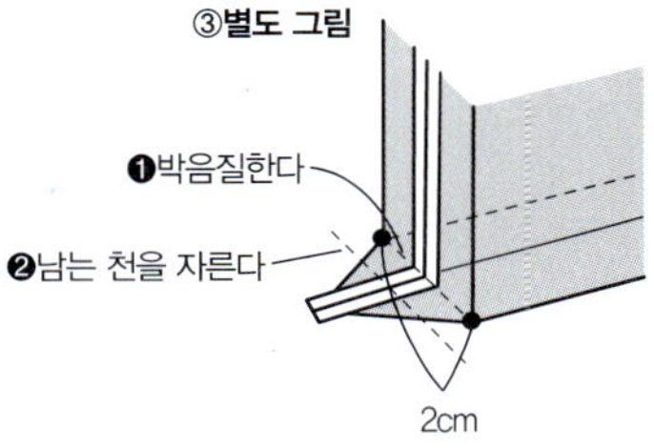

❶박음질한다

❷남는 천을 자른다

2cm

재봉선

---

16. 가방

재단 배치도 (시접은 1cm씩 여분을 두어 재단)

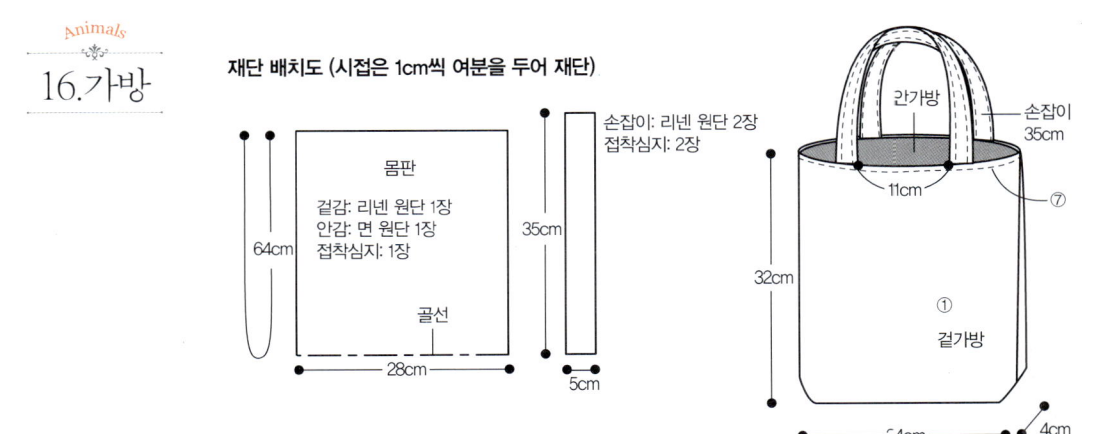

몸판
겉감: 리넨 원단 1장
안감: 면 원단 1장
접착심지: 1장

64cm

골선

28cm

35cm

5cm

손잡이: 리넨 원단 2장
접착심지: 2장

겉가방
간가방
손잡이
35cm

11cm

⑦

32cm

①

겉가방

24cm

4cm

18. 봄 / 카드(나비)

Photo >> page.24

• 리넨 원단 베이지 15cm×15cm, 접착심지 10cm×10cm
• 코스모 25번 자수실 노랑 144~147, 초록 271, 328·329, 633, 보라 281·2281·282·283, 회색 891·893~895
• 몸판용 두꺼운 종이(오프화이트) 30cm×10cm, 창문용 두꺼운 종이(노랑) 10cm×10cm, 양면테이프 조금

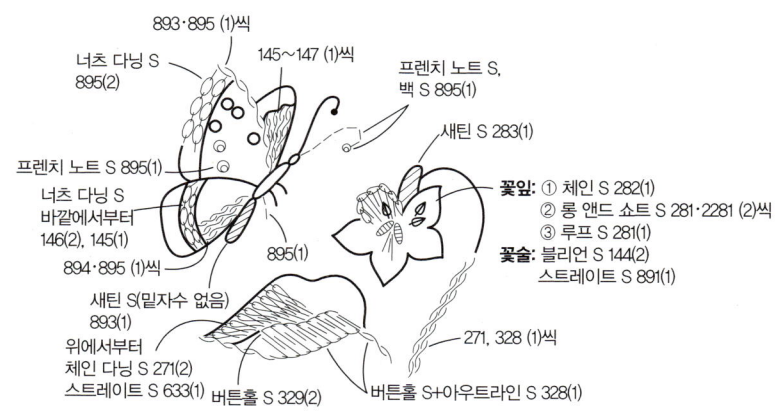

893·895 (1)씩
너츠 다닝 S 895(2)
145~147 (1)씩
프렌치 노트 S, 백 S 895(1)
프렌치 노트 S 895(1)
너츠 다닝 S 바깥에서부터 146(2), 145(1)
새틴 S 283(1)
꽃잎: ① 체인 S 282(1)
② 롱 앤드 쇼트 S 281·2281 (2)씩
③ 루프 S 281(1)
꽃술: 블리언 S 144(2)
스트레이트 S 891(1)
894·895 (1)씩
895(1)
새틴 S(밑자수 없음) 893(1)
위에서부터 체인 다닝 S 271(2)
스트레이트 S 633(1)
버튼홀 S 329(2)
271, 328 (1)씩
버튼홀 S+아웃트라인 S 328(1)

18. 봄 / 카드(튤립)

Photo >> page.24

• 리넨 원단 베이지 20cm×15cm, 접착심지 15cm×10cm
• 코스모 25번 자수실 노랑 141, 299·301, 남청 173~175, 초록 269·270, 317·2317·318·319, 534·535·536, 632·633, 회갈색 368, 빨간 갈색 462~464, 빨간 자주 482~485, 금갈색 700·701, 회색 895
• 몸판용 두꺼운 종이(오프화이트) 45cm×15cm, 창문용 두꺼운 종이(밝은 연두) 15cm×10cm, 양면테이프 조금

튤립 별도 그림

① 체인 S 482·484·485 (1)씩
② 롱 앤드 쇼트 S 바깥에서부터 463·464 (2)씩 462·463 (1)씩
① 체인 S 483(1)
② 롱 앤드 쇼트 S 483(2)

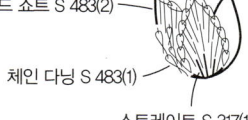

체인 다닝 S 483(1)
스트레이트 S 317(1)

* 정해진 것 이외의 수놓는 법과 색깔은 모두 p.89 도안 6과 같음

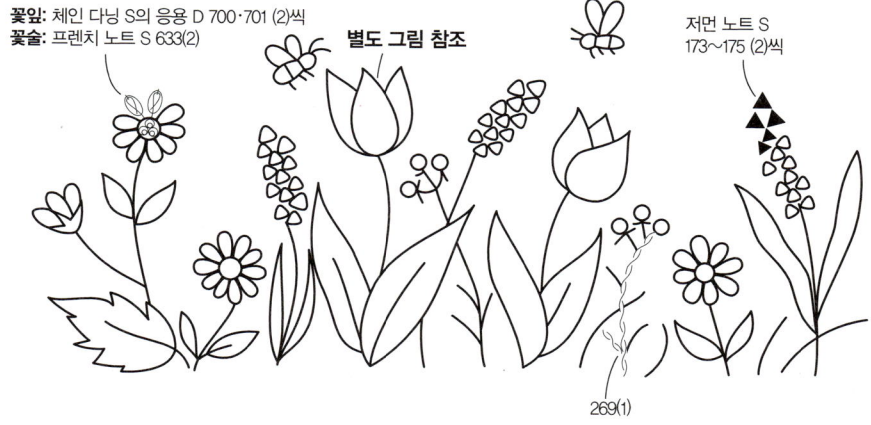

꽃잎: 체인 다닝 S의 응용 D 700·701 (2)씩
꽃술: 프렌치 노트 S 633(2)
별도 그림 참조
저먼 노트 S 173~175 (2)씩
269(1)

18. 봄 / 카드 (풍차)

Photo >> page.24

- 리넨 원단 베이지 15cm×20cm, 접착심지 15cm×20cm
- 코스모 25번 자수실 초록 116, 271, 317·2317, 318 · 319, 326, 633, 회색 2154 · 155, 474 · 476, 891 · 892 · 894, 파랑 2211 · 212, 회갈색 364 · 369, 밝은 청록 372, 빨간 자주 480~486, 노란 갈색 575 · 577, 흰색 100, 2500
- 몸판용 두꺼운 종이(오프화이트) 40cm×20cm, 창문용 두꺼운 종이(페퍼민트) 10cm×15cm, 양면테이프 조금

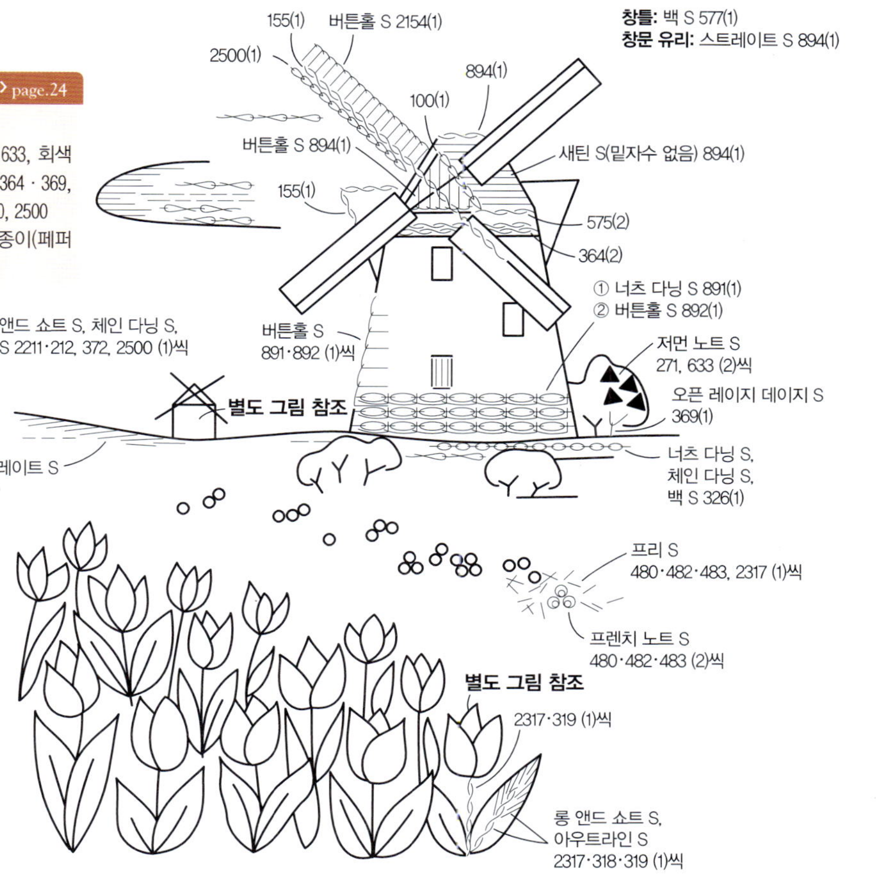

창틀: 백 S 577(1)
창문 유리: 스트레이트 S 894(1)

155(1) 버튼홀 S 2154(1)
2500(1)
894(1)
100(1)
버튼홀 S 894(1)
새틴 S(밑자수 없음) 894(1)
155(1)
575(2)
364(2)
① 너츠 다닝 S 891(1)
② 버튼홀 S 892(1)
저먼 노트 S 271, 633 (2)씩
오픈 레이지 데이지 S 369(1)
버튼홀 S 891·892 (1)씩
너츠 다닝 S, 체인 다닝 S, 백 S 326(1)

구름: 롱 앤드 쇼트 S, 체인 다닝 S, 백 S 2211·212, 372, 2500 (1)씩

별도 그림 참조

스트레이트 S 116(1)

프리 S 480·482·483, 2317 (1)씩
프렌치 노트 S 480·482·483 (2)씩

별도 그림 참조
2317·319 (1)씩

롱 앤드 쇼트 S, 아우트라인 S 2317·318·319 (1)씩

튤립 별도 그림

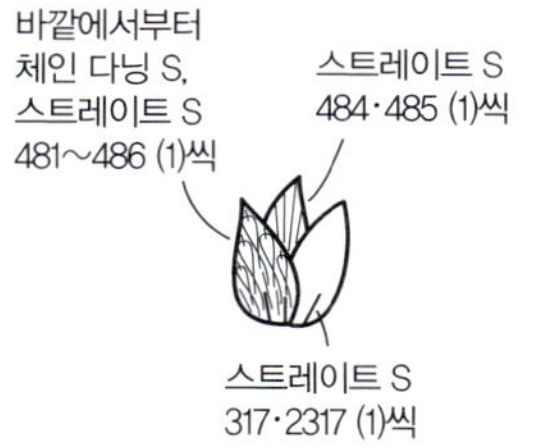

바깥에서부터 체인 다닝 S, 스트레이트 S 481~486 (1)씩

스트레이트 S 484·485 (1)씩

스트레이트 S 317·2317 (1)씩

오두막 별도 그림

① 버튼홀 S 476(1)
② 백 S 155(1)
③ 저먼 노트 S 155(1)

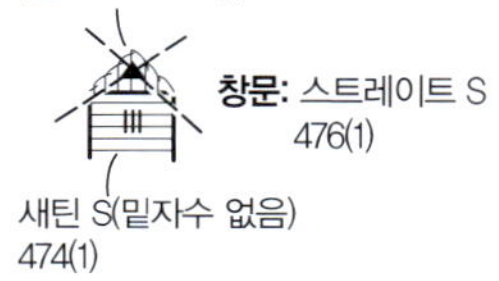

창문: 스트레이트 S 476(1)

새틴 S(밑자수 없음) 474(1)

---

* 재단 배치도

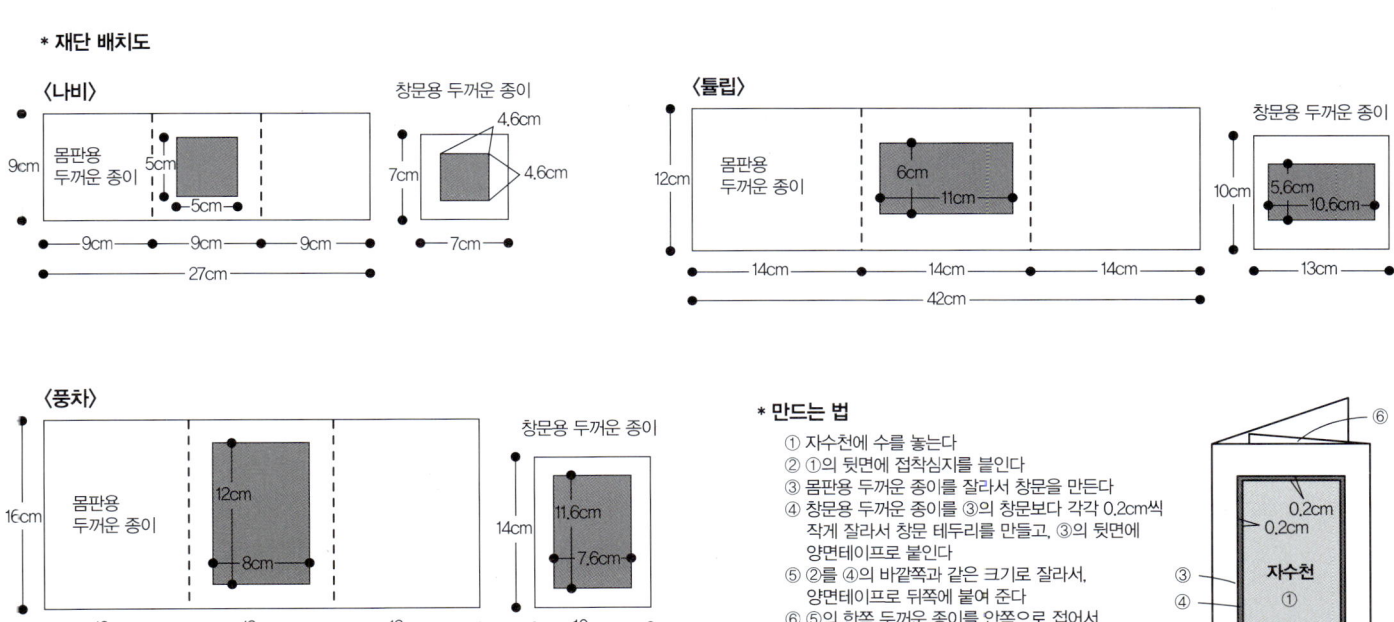

〈나비〉

몸판용 두꺼운 종이
9cm
5cm
5cm
9cm — 9cm — 9cm
27cm

창문용 두꺼운 종이
4.6cm
7cm
4.6cm
7cm

〈튤립〉

몸판용 두꺼운 종이
12cm
6cm
11cm
14cm — 14cm — 14cm
42cm

창문용 두꺼운 종이
10cm
5.6cm
10.6cm
13cm

〈풍차〉

몸판용 두꺼운 종이
16cm
12cm
8cm
12cm — 12cm — 12cm
36cm

창문용 두꺼운 종이
14cm
11.6cm
7.6cm
10cm

* 만드는 법

① 자수천에 수를 놓는다
② ①의 뒷면에 접착심지를 붙인다
③ 몸판용 두꺼운 종이를 잘라서 창문을 만든다
④ 창문용 두꺼운 종이를 ③의 창문보다 각각 0.2cm씩 작게 잘라서 창문 테두리를 만들고, ③의 뒷면에 양면테이프로 붙인다
⑤ ②를 ④의 바깥쪽과 같은 크기로 잘라서, 양면테이프로 뒤쪽에 붙여 준다
⑥ ⑤의 한쪽 두꺼운 종이를 안쪽으로 접어서, 자수천 뒷면이 가려지도록 양면테이프로 붙인다

⑥
0.2cm
0.2cm
③
④
자수천
①

19.봄 / 샘플러

Photo >> page.25

- 리넨 원단 베이지
- 코스모 25번 자수실 초록 116·2118·119·120·2120, 270~272, 317·2317·318·319· 2319·320, 323·324~328, 534·535·536·2536, 632~636, 922, 진한 갈색 129, 노랑 140~145, 299~302, 회색 155, 472~477, 893~895, 남청 173~175, 파랑 2211·212·2212, 664·2664, 밝은 청록 2251·252, 보라 262·2262·263·264, 281·2281·282·283, 갈색 312, 381·382·384·385, 빨강 345·346, 회갈색 364·368·369, 빨간 갈색 462~464·467, 빨간 자주 480~482·484, 터키블루 564, 노란 갈색 573~576·578, 올리브색 683~685, 금갈색 700·701·2702, 회청색 981·982·984, 흰색 500, 2500
- 지면 관계상 도안은 따로따로 해설했습니다. 처음에 테두리 선 무늬로 칸을 나눈 뒤에 사진을 참조하여 배치하세요.

* 테두리 선 무늬 배치도 (봄~겨울 공통)

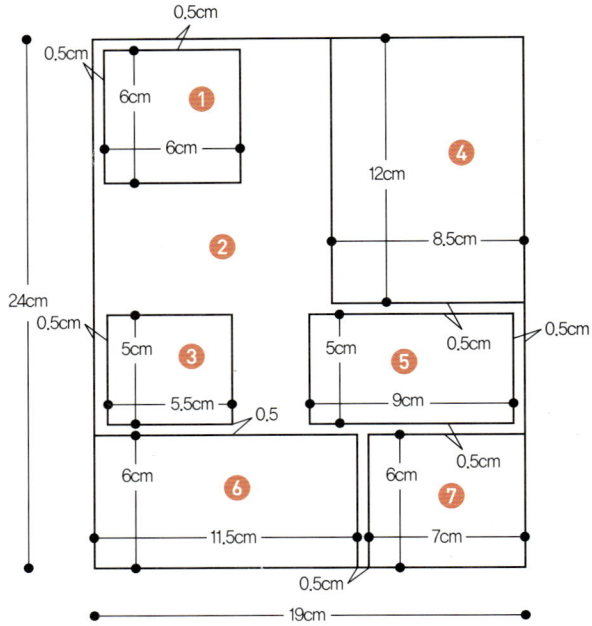

* 테두리 선 무늬
모두 아웃라인 S(2줄)로 수놓는다
봄: 가운데에서부터 318(2), 319(1)
여름: 가운데에서부터 2212(2), 214(1)
가을: 가운데에서부터 385(2), 386(1)
겨울: 가운데에서부터 980(2), 2981(1)

❶

버튼홀 S
982·984 (1)씩

981·982 (1)씩

체인 다닝 S.
스트레이트 S
120·2120 (1)씩

981·982 (1)씩

스트레이트 S
981·982 (1)씩

물고기 눈:
① 레이지 데이지 S 981(1)
② 프렌치 노트 S 895(1)

❸

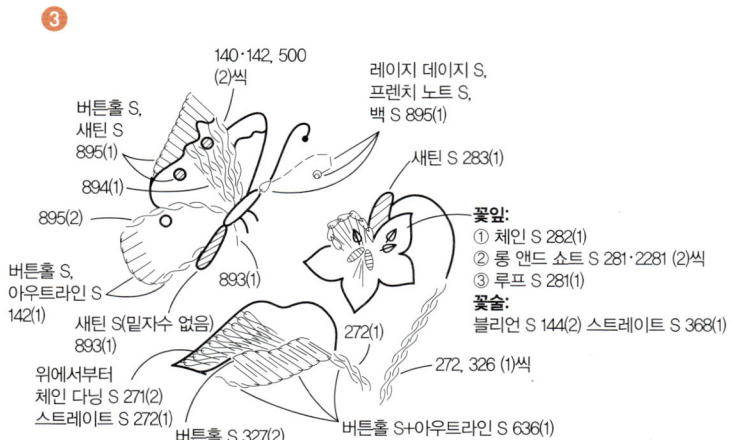

140·142, 500
(2)씩

버튼홀 S,
새틴 S
895(1)

894(1)

895(2)

레이지 데이지 S.
프렌치 노트 S.
백 S 895(1)

새틴 S 283(1)

꽃잎:
① 체인 S 282(1)
② 롱 앤드 쇼트 S 281·2281 (2)씩
③ 루프 S 281(1)

꽃술:
블리언 S 144(2) 스트레이트 S 368(1)

버튼홀 S,
아웃라인 S
142(1)

새틴 S(밑자수 없음)
893(1)

893(1)

272(1)

위에서부터
체인 다닝 S 271(2)
스트레이트 S 272(1)

버튼홀 S 327(2)

버튼홀 S+아웃라인 S 636(1)

272, 326 (1)씩

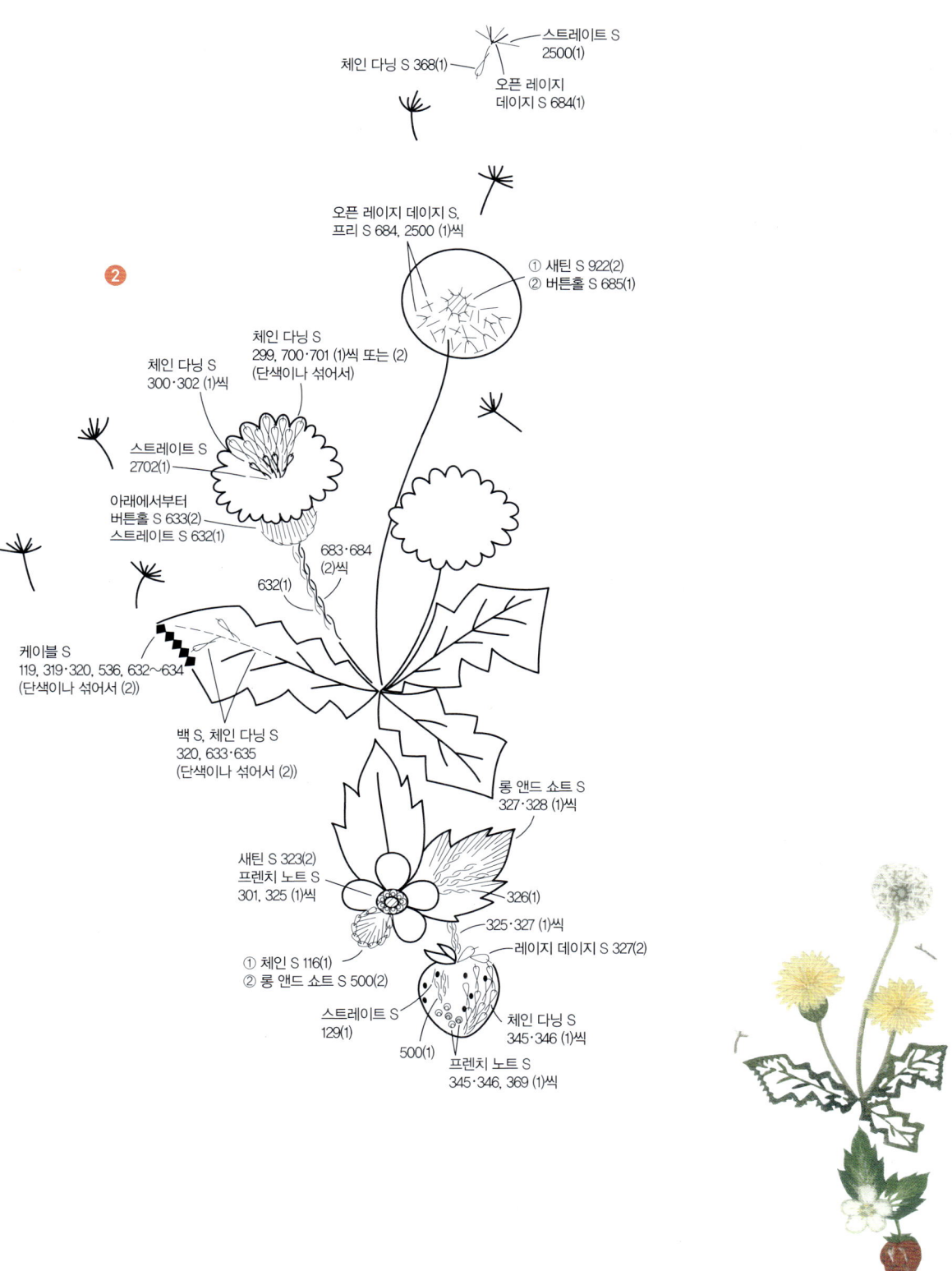

스트레이트 S
2500(1)

체인 다닝 S 368(1)

오픈 레이지
데이지 S 684(1)

오픈 레이지 데이지 S,
프리 S 684, 2500 (1)씩

① 새틴 S 922(2)
② 버튼홀 S 685(1)

체인 다닝 S
299, 700·701 (1)씩 또는 (2)
(단색이나 섞어서)

체인 다닝 S
300·302 (1)씩

스트레이트 S
2702(1)

아래에서부터
버튼홀 S 633(2)
스트레이트 S 632(1)

683·684
(2)씩

632(1)

케이블 S
119, 319·320, 536, 632~634
(단색이나 섞어서 (2))

백 S, 체인 다닝 S
320, 633·635
(단색이나 섞어서 (2))

롱 앤드 쇼트 S
327·328 (1)씩

새틴 S 323(2)
프렌치 노트 S
301, 325 (1)씩

326(1)

325·327 (1)씩

레이지 데이지 S 327(2)

① 체인 S 116(1)
② 롱 앤드 쇼트 S 500(2)

스트레이트 S
129(1)

500(1)

체인 다닝 S
345·346 (1)씩

프렌치 노트 S
345·346, 369 (1)씩

④

오두막 별도 그림
① 버튼홀 S 476(1)
② 백 S 155(1)
③ 저먼 노트 S 155(1)

창문: 스트레이트 S 476(1)

새틴 S(밑자수 없음)
474(1)

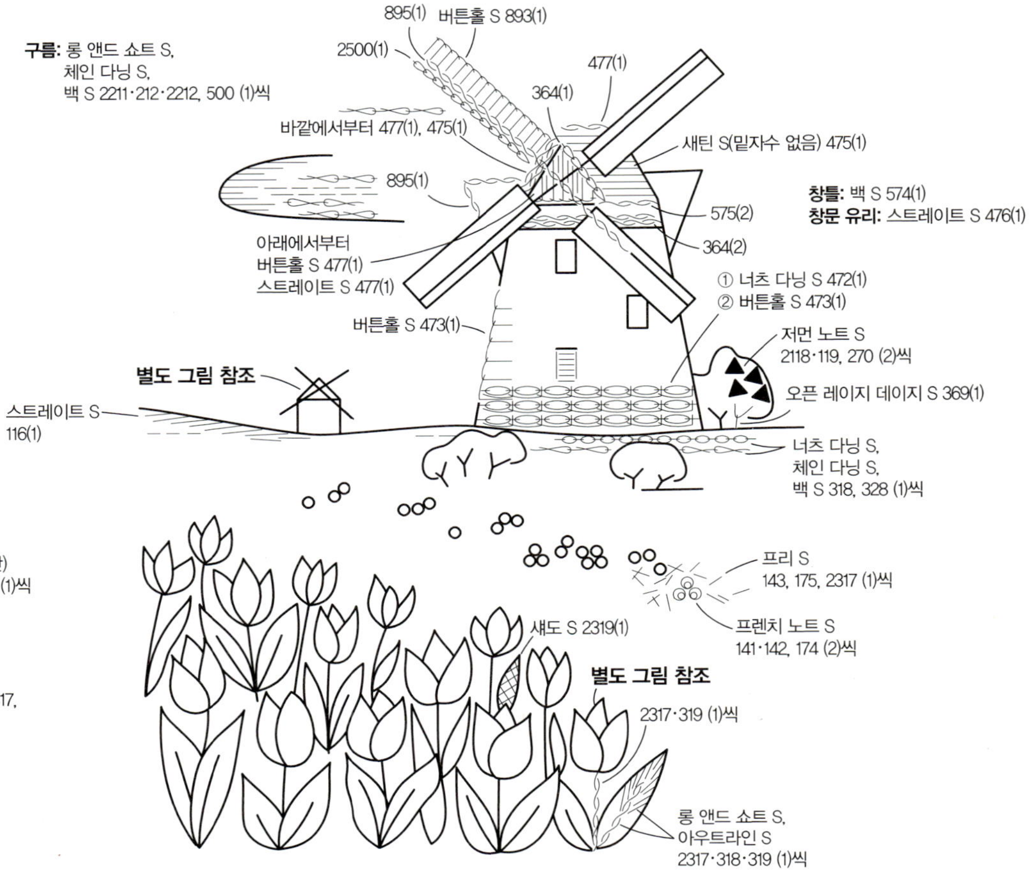

구름: 롱 앤드 쇼트 S,
　　　 체인 다닝 S,
　　　 백 S 2211·212·2212, 500 (1)씩

895(1)　버튼홀 S 893(1)

2500(1)

477(1)

364(1)

바깥에서부터 477(1), 475(1)

새틴 S(밑자수 없음) 475(1)

895(1)

아래에서부터
버튼홀 477(1)
스트레이트 S 477(1)

버튼홀 S 473(1)

575(2)

364(2)

창틀: 백 S 574(1)
창문 유리: 스트레이트 S 476(1)

① 너츠 다닝 S 472(1)
② 버튼홀 S 473(1)

저먼 노트 S
2118·119, 270 (2)씩

오픈 레이지 데이지 S 369(1)

너츠 다닝 S,
체인 다닝 S,
백 S 318, 328 (1)씩

별도 그림 참조

스트레이트 S
116(1)

프리 S
143, 175, 2317 (1)씩

프렌치 노트 S
141·142, 174 (2)씩

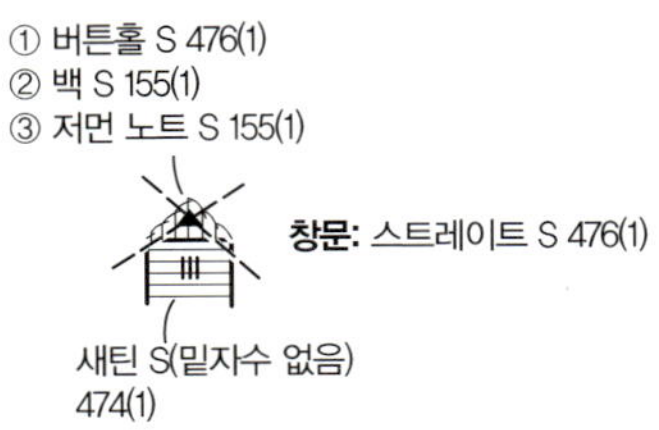

튤립 별도 그림

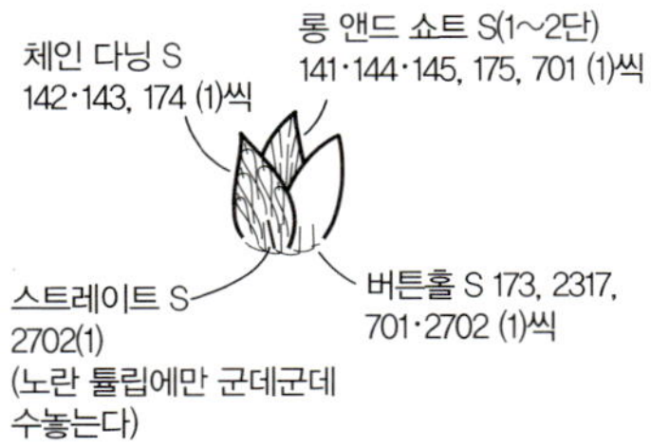

체인 다닝 S
142·143, 174 (1)씩

롱 앤드 쇼트 S(1~2단)
141·144·145, 175, 701 (1)씩

스트레이트 S
2702(1)
(노란 튤립에만 군데군데
수놓는다)

버튼홀 S 173, 2317,
701·2702 (1)씩

섀도 S 2319(1)

별도 그림 참조
2317·319 (1)씩

롱 앤드 쇼트 S,
아우트라인 S
2317·318·319 (1)씩

---

⑤

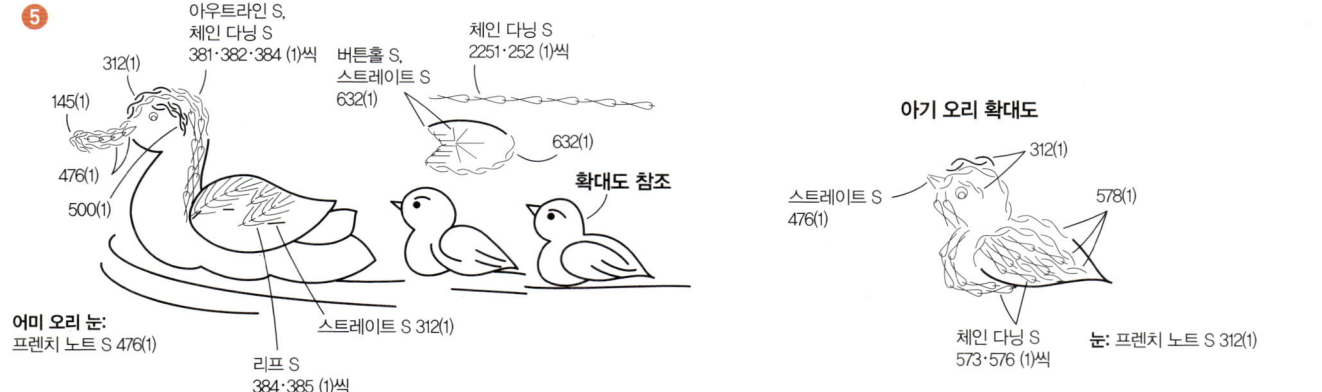

312(1)

145(1)

476(1)

500(1)

아우트라인 S,
체인 다닝 S
381·382·384 (1)씩

버튼홀 S,
스트레이트 S
632(1)

체인 다닝 S
2251·252 (1)씩

632(1)

확대도 참조

어미 오리 눈:
프렌치 노트 S 476(1)

스트레이트 S 312(1)

리프 S
384·385 (1)씩

아기 오리 확대도

312(1)

스트레이트 S
476(1)

578(1)

체인 다닝 S
573·576 (1)씩

눈: 프렌치 노트 S 312(1)

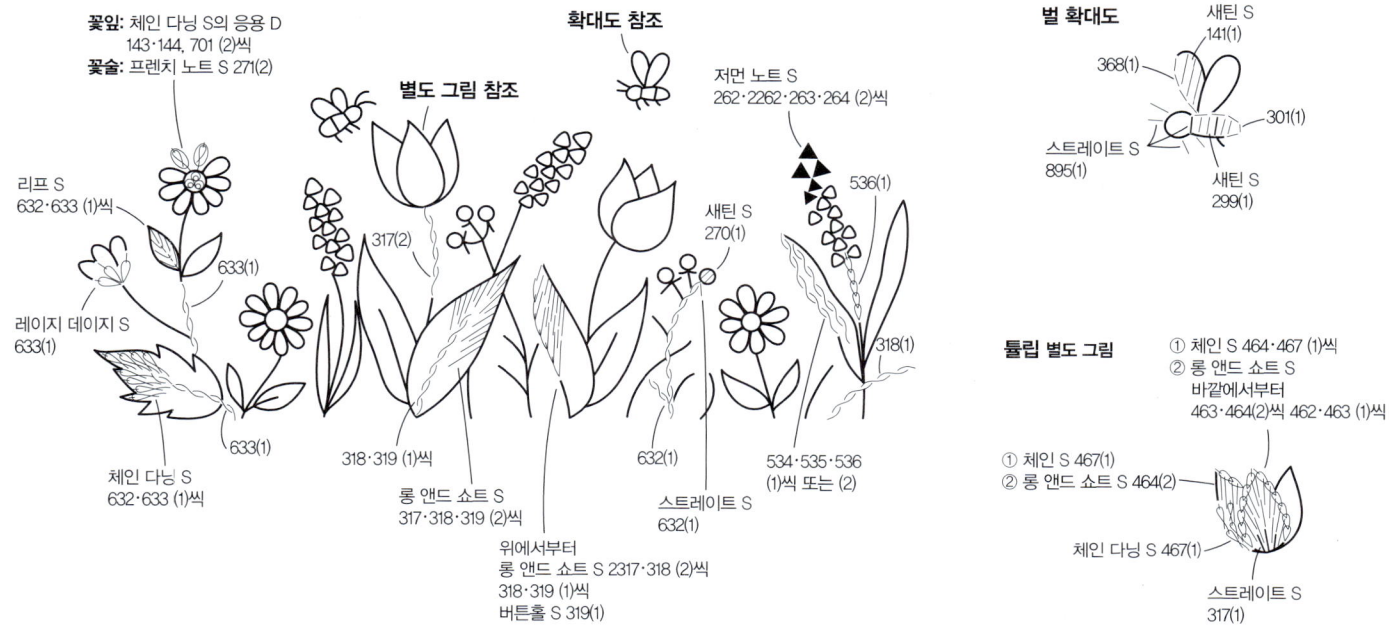

꽃잎: 체인 다닝 S의 응용 D
143·144, 701 (2)씩
꽃술: 프렌치 노트 S 271(2)

별도 그림 참조

확대도 참조

저먼 노트 S
262·2262·263·264 (2)씩

리프 S
632·633 (1)씩

633(1)

레이지 데이지 S
633(1)

317(2)

새틴 S
270(1)

536(1)

318(1)

체인 다닝 S
632·633 (1)씩

633(1)

318·319 (1)씩

롱 앤드 쇼트 S
317·318·319 (2)씩

632(1)

스트레이트 S
632(1)

534·535·536
(1)씩 또는 (2)

위에서부터
롱 앤드 쇼트 S 2317·318 (2)씩
318·319 (1)씩
버튼홀 S 319(1)

벌 확대도

새틴 S
141(1)

368(1)

301(1)

스트레이트 S
895(1)

새틴 S
299(1)

튤립 별도 그림

① 체인 S 464·467 (1)씩
② 롱 앤드 쇼트 S
바깥에서부터
463·464(2)씩 462·463 (1)씩

① 체인 S 467(1)
② 롱 앤드 쇼트 S 464(2)

체인 다닝 S 467(1)

스트레이트 S
317(1)

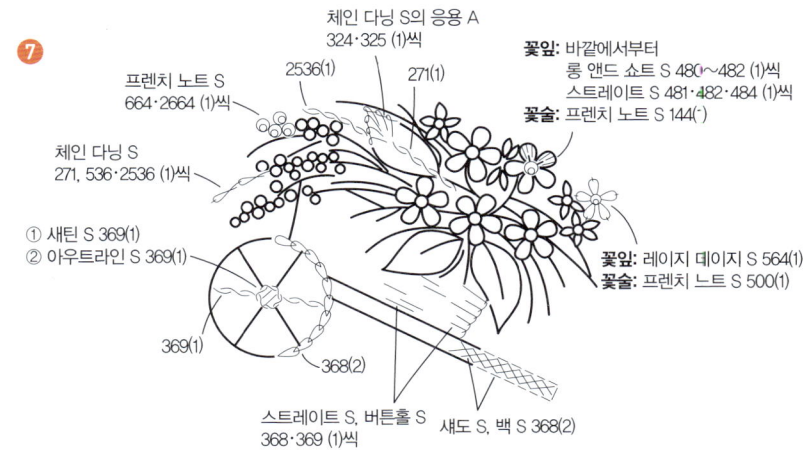

체인 다닝 S의 응용 A
324·325 (1)씩

프렌치 노트 S
664·2664 (1)씩

2536(1)

271(1)

꽃잎: 바깥에서부터
롱 앤드 쇼트 S 480~482 (1)씩
스트레이트 S 481·482·484 (1)씩
꽃술: 프렌치 노트 S 144(·)

체인 다닝 S
271, 536·2536 (1)씩

① 새틴 S 369(1)
② 아우트라인 S 369(1)

꽃잎: 레이지 데이지 S 564(1)
꽃술: 프렌치 느트 S 500(1)

369(1)

368(2)

스트레이트 S, 버튼홀 S
368·369 (1)씩

섀도 S, 백 S 368(2)

20.여름 / 샘플러

Photo ≫ page.26

- 리넨 원단 밝은 회색
- 코스모 25번 자수실 초록 117 · 2117, 2317 · 318 · 319 · 2319 · 320, 534 · 2535, 2631 · 633, 824, 노랑 145~147, 299~302, 회색 151 · 153 · 154 · 2154, 475 · 476, 890 · 894 · 895, 파랑 164~166 · 168, 2212 · 213 · 214 · 2214, 2412, 523~526, 2662 · 663 · 2664 · 665 · 669, 남청 172 · 176, 밝은 청록 251, 373, 갈색 2307 · 308 · 310, 384 · 386, 빨강 340 · 342 · 345 · 346, 회갈색 364~369, 714~716,

- 터키블루 564~566, 노란 갈색 577 · 578, 774 · 775, 금갈색 701 · 702, 밝은 회청색 732~734, 분홍 833~836, 빨간 갈색 851~853, 회청색 981 · 982 · 983, 흰색 100, 500, 2500, 검정 600
- 코스모 라메실(해설에서는 K로 표기) 1
- ◆지면 관계상 도안은 따로따로 해설했습니다. 처음에 테두리 선 무늬(p.86 참조)로 칸을 나눈 뒤에 사진을 참조하여 배치하세요.

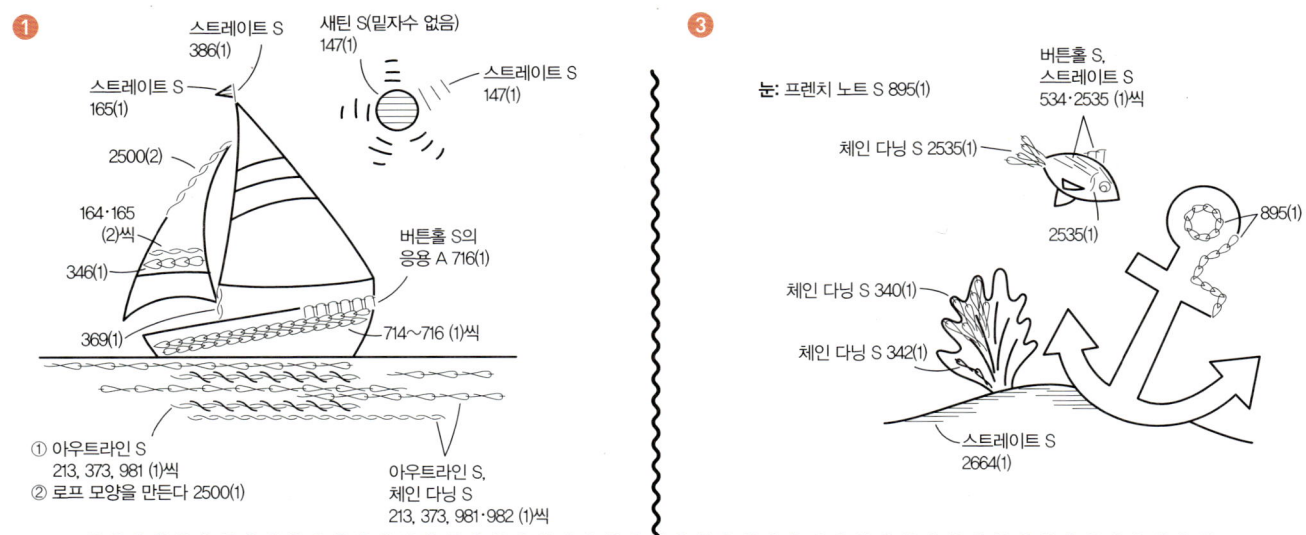

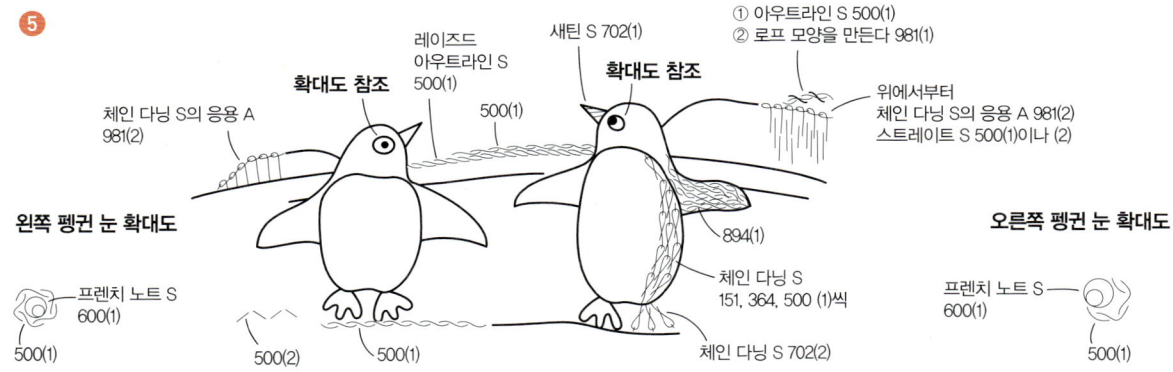

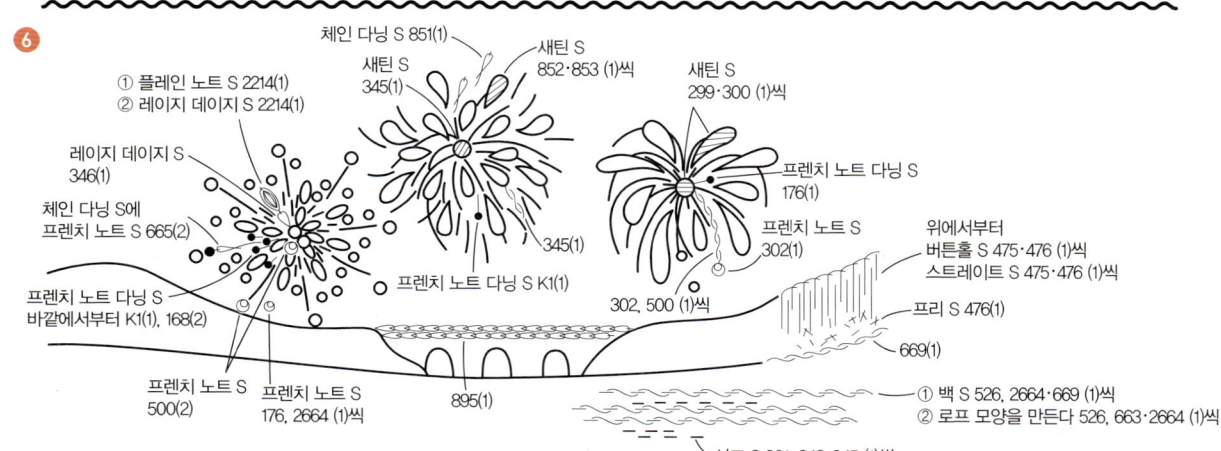

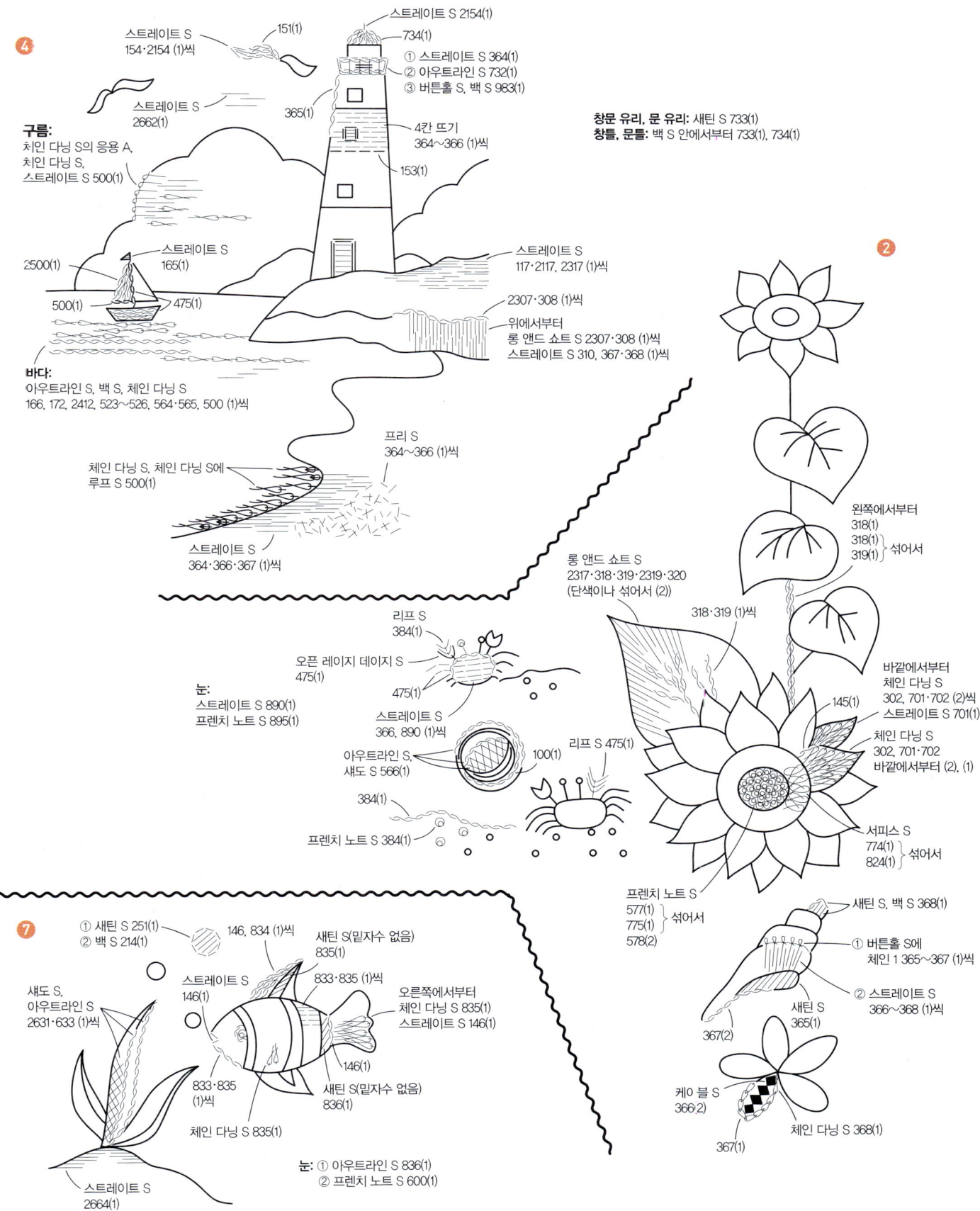

❹

스트레이트 S
154·2154 (1)씩

151(1)

스트레이트 S
2662(1)

스트레이트 S 2154(1)

734(1)

① 스트레이트 S 364(1)
② 아우트라인 S 732(1)
③ 버튼홀 S, 백 S 983(1)

365(1)

4칸 뜨기
364~366 (1)씩

153(1)

창문 유리, 문 유리: 새틴 S 733(1)
창틀, 문틀: 백 S 안에서부터 733(1), 734(1)

❷

구름:
치인 다닝 S의 응용 A,
치인 다닝 S,
스트레이트 S 500(1)

스트레이트 S
165(1)

2500(1)

500(1)   475(1)

스트레이트 S
117·2117, 2317 (1)씩

2307·308 (1)씩

위에서부터
롱 앤드 쇼트 S 2307·308 (1)씩
스트레이트 S 310, 367·368 (1)씩

바다:
아우트라인 S, 백 S, 체인 다닝 S
166, 172, 2412, 523~526, 564·565, 500 (1)씩

체인 다닝 S, 체인 다닝 S에
루프 S 500(1)

프리 S
364~366 (1)씩

스트레이트 S
364·366·367 (1)씩

왼쪽에서부터
318(1)
318(1) 섞어서
319(1)

318·319 (1)씩

롱 앤드 쇼트 S
2317·318·319·2319·320
(단색이나 섞어서 (2))

리프 S
384(1)

오픈 레이지 데이지 S
475(1)

475(1)

눈:
스트레이트 S 890(1)
프렌치 노트 S 895(1)

스트레이트 S
366, 890 (1)씩

아우트라인 S,
섀도 S 566(1)

100(1)

리프 S 475(1)

384(1)

프렌치 노트 S 384(1)

145(1)

바깥에서부터
체인 다닝 S
302, 701·702 (2)씩
스트레이트 S 701(1)

체인 다닝 S
302, 701·702
바깥에서부터 (2), (1)

서피스 S
774(1) 섞어서
824(1)

프렌치 노트 S
577(1) 섞어서
775(1)
578(2)

❼

① 새틴 S 251(1)
② 백 S 214(1)

146, 834 (1)씩

새틴 S(밑자수 없음)
835(1)

스트레이트 S
146(1)

833·835 (1)씩

오른쪽에서부터
체인 다닝 S 835(1)
스트레이트 S 146(1)

섀도 S,
아우트라인 S
2631·633 (1)씩

146(1)

833·835
(1)씩

새틴 S(밑자수 없음)
836(1)

체인 다닝 S 835(1)

스트레이트 S
2664(1)

눈: ① 아우트라인 S 836(1)
    ② 프렌치 노트 S 600(1)

새틴 S, 백 S 368(1)

① 버튼홀 S에
체인 1 365~367 (1)씩

② 스트레이트 S
366~368 (1)씩

367(2)

새틴 S
365(1)

케이블 S
366(2)

367(1)

체인 다닝 S 368(1)

21.가을 / 샘플러

Photo >> page.27

- 리넨 원단 황회색
- 코스모 25번 자수실 초록 117·118·119·120, 270·271, 327, 333, 2535·536·2536·537, 630·631·632~636, 673~675, 820·821·826, 923~925, 노랑 142·143·146·147, 300·301, 회색 152·155, 892~895, 밝은 청록 252·253, 374·375, 보라 266, 764, 갈색 305~307·2307·308·309·311·2311·312, 384~386, 빨강 345·346, 회갈색 364·366~368, 715·716, 주황 403, 빨간 갈색 464·466·467, 853~855·857, 빨

간 자주 480~484, 진한 붉은 자주 551·552, 터키블루 566, 노란 갈색 574~578, 파랑 667, 올리브색 685, 금갈색 701·702·2702·703~706, 밝은 회청색 734, 회청색 980·981·982·983, 베이지 1000, 흰색 100, 검정 600
- ◆지면 관계상 도안은 따로따로 해설했습니다. 처음에 테두리 선 무늬(p.86 참조)로 칸을 나눈 뒤에 사진을 참조하여 배치하세요.

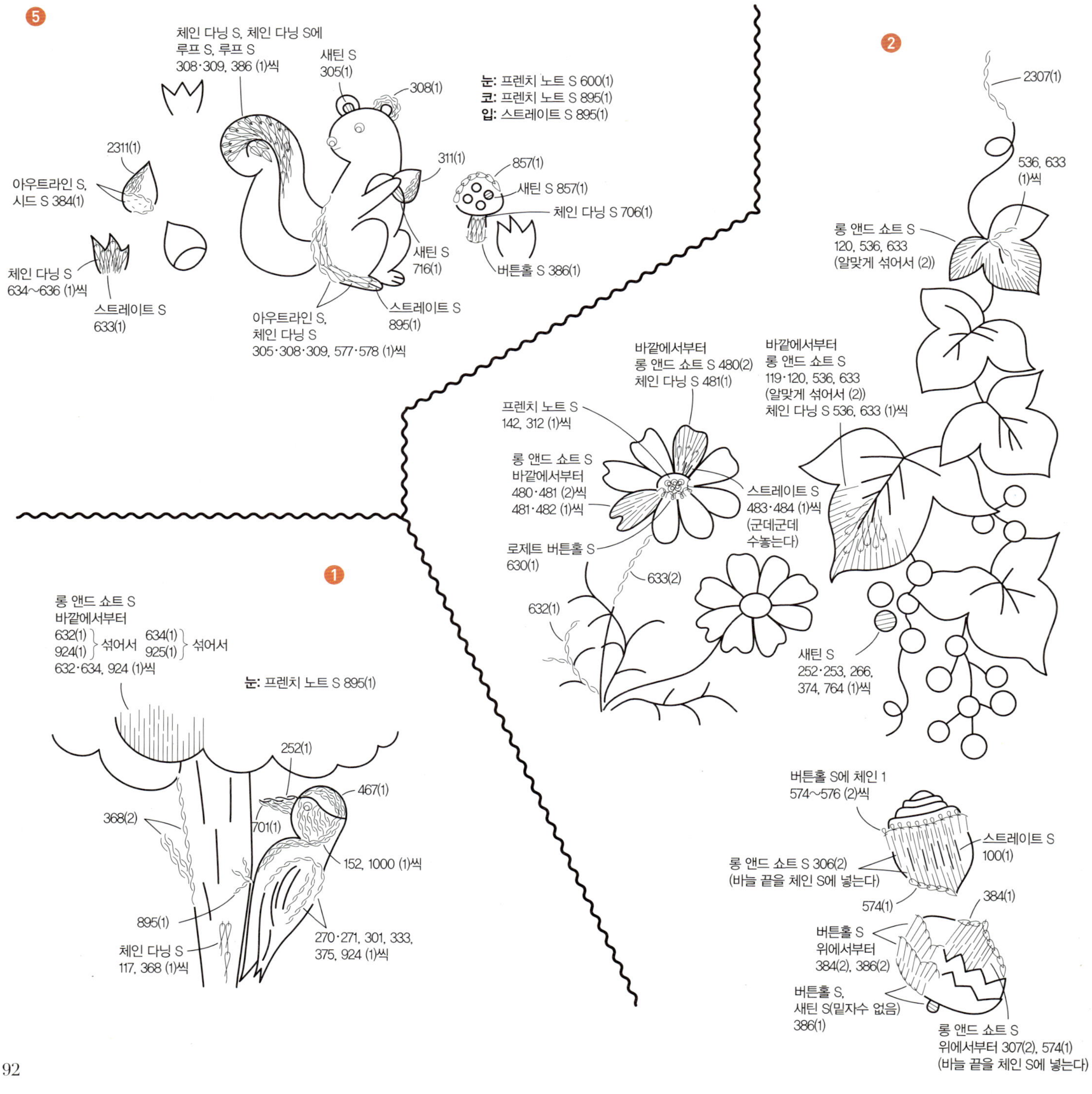

❺

체인 다닝 S, 체인 다닝 S에 루프 S, 루프 S 308·309, 386 (1)씩

새틴 S 305(1)

308(1)

눈: 프렌치 노트 S 600(1)
코: 프렌치 노트 S 895(1)
입: 스트레이트 S 895(1)

2311(1)

아우트라인 S, 시드 S 384(1)

311(1)

857(1)

새틴 S 857(1)

체인 다닝 S 634~636 (1)씩

새틴 S 716(1)

체인 다닝 S 706(1)

스트레이트 S 633(1)

아우트라인 S, 체인 다닝 S 305·308·309, 577·578 (1)씩

새틴 S 716(1)

스트레이트 S 895(1)

버튼홀 S 386(1)

❷

2307(1)

536, 633 (1)씩

롱 앤드 쇼트 S 120, 536, 633 (알맞게 섞어서 (2))

바깥에서부터 롱 앤드 쇼트 S 480(2) 체인 다닝 S 481(1)

바깥에서부터 롱 앤드 쇼트 S 119·120, 536, 633 (알맞게 섞어서 (2)) 체인 다닝 S 536, 633 (1)씩

프렌치 노트 S 142, 312 (1)씩

롱 앤드 쇼트 S 바깥에서부터 480·481 (2)씩 481·482 (1)씩

스트레이트 S 483·484 (1)씩 (군데군데 수놓는다)

로제트 버튼홀 S 630(1)

633(2)

632(1)

새틴 S 252·253, 266, 374, 764 (1)씩

❶

롱 앤드 쇼트 S 바깥에서부터 632(1) 924(1) } 섞어서 634(1) 925(1) } 섞어서 632·634, 924 (1)씩

눈: 프렌치 노트 S 895(1)

252(1)

467(1)

368(2)

701(1)

152, 1000 (1)씩

895(1)

체인 다닝 S 117, 368 (1)씩

270·271, 301, 333, 375, 924 (1)씩

버튼홀 S에 체인 1 574~576 (2)씩

롱 앤드 쇼트 S 306(2) (바늘 끝을 체인 S에 넣는다)

스트레이트 S 100(1)

574(1)

384(1)

버튼홀 S 위에서부터 384(2), 386(2)

버튼홀 S, 새틴 S(밑자수 없음) 386(1)

롱 앤드 쇼트 S 위에서부터 307(2), 574(1) (바늘 끝을 체인 S에 넣는다)

92

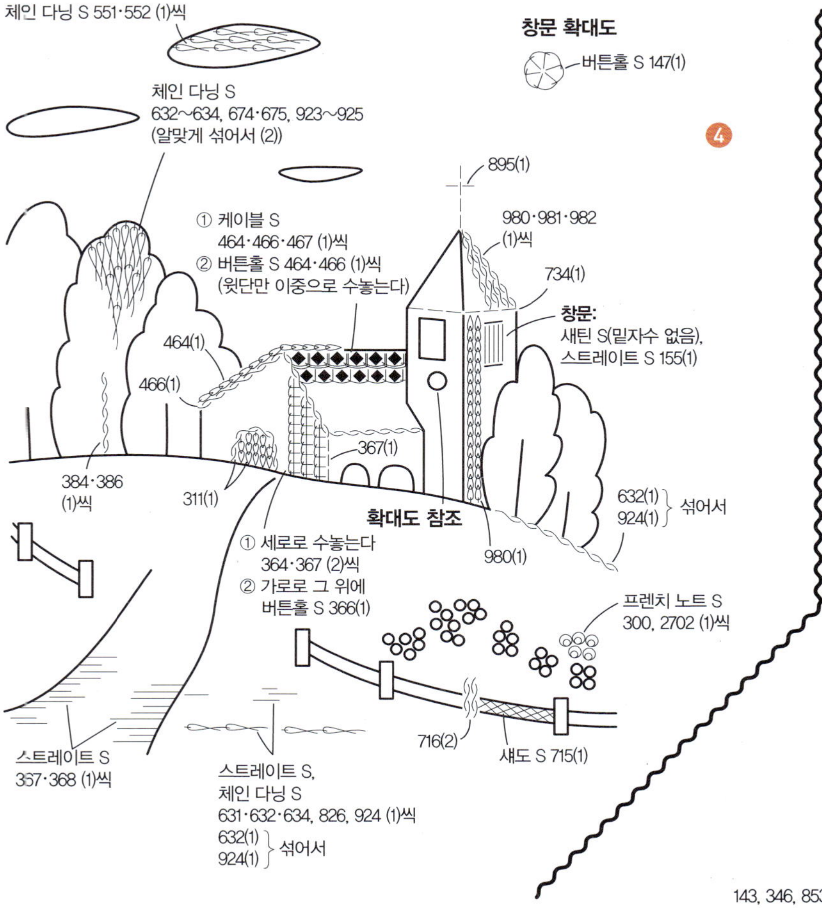

체인 다닝 S 551·552 (1)씩

체인 다닝 S
632~634, 674·675, 923~925
(알맞게 섞어서 (2))

창문 확대도
버튼홀 S 147(1)

① 케이블 S
464·466·467 (1)씩
② 버튼홀 S 464·466 (1)씩
(윗단만 이중으로 수놓는다)

895(1)

980·981·982
(1)씩

734(1)

464(1)
466(1)

창문:
새틴 S(밑자수 없음),
스트레이트 S 155(1)

367(1)
확대도 참조

① 세로로 수놓는다
364·367 (2)씩
② 가로로 그 위에
버튼홀 S 366(1)

384·386
(1)씩
311(1)

632(1)
924(1) } 섞어서

980(1)

프렌치 노트 S
300, 2702 (1)씩

스트레이트 S
357·368 (1)씩

스트레이트 S,
체인 다닝 S
631·632·634, 826, 924 (1)씩
632(1)
924(1) } 섞어서

716(2)
섀도 S 715(1)

감꼭지:
롱 앤드 쇼트 S 633(1)
프렌치 노트 S 685(1)

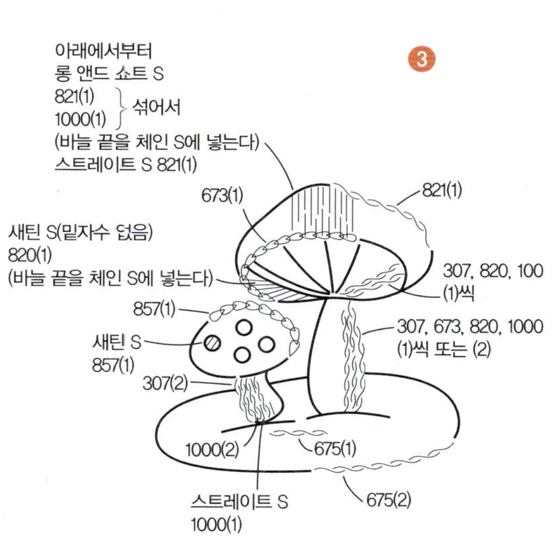

아래에서부터
롱 앤드 쇼트 S
821(1)
1000(1) } 섞어서
(바늘 끝을 체인 S에 넣는다)
스트레이트 S 821(1)

673(1)
821(1)

새틴 S(밑자수 없음)
820(1)
(바늘 끝을 체인 S에 넣는다)

307, 820, 100
(1)씩

857(1)
새틴 S
857(1)
307(2)

307, 673, 820, 1000
(1)씩 또는 (2)

1000(2)
675(1)
스트레이트 S
1000(1)
675(2)

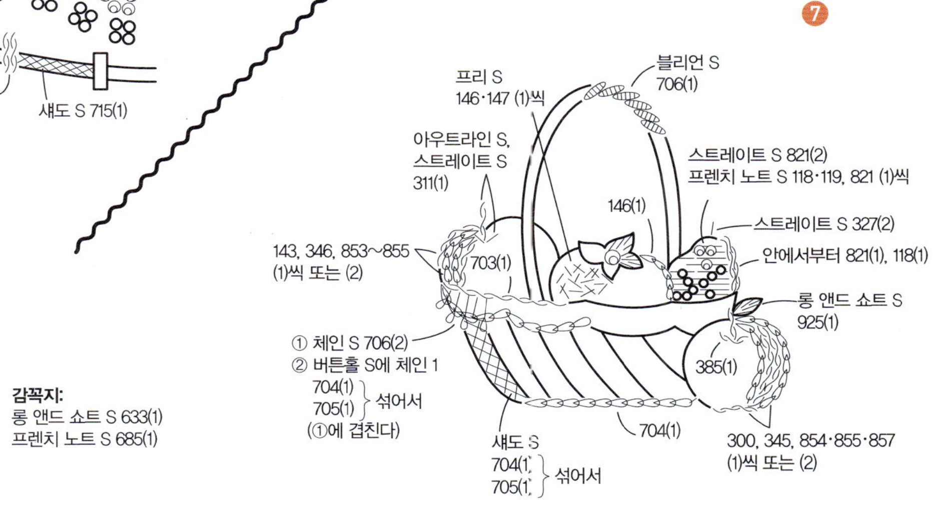

프리 S
146·147 (1)씩

블리언 S
706(1)

아우트라인 S,
스트레이트 S
311(1)

스트레이트 S 821(2)
프렌치 노트 S 118·119, 821 (1)씩

146(1)

스트레이트 S 327(2)
안에서부터 821(1), 118(1)

143, 346, 853~855
(1)씩 또는 (2)

703(1)

롱 앤드 쇼트 S
925(1)

① 체인 S 706(2)
② 버튼홀 S에 체인 1
704(1)
705(1) } 섞어서
(①에 겹친다)

385(1)

섀도 S
704(1)
705(1) } 섞어서

704(1)

300, 345, 854·855·857
(1)씩 또는 (2)

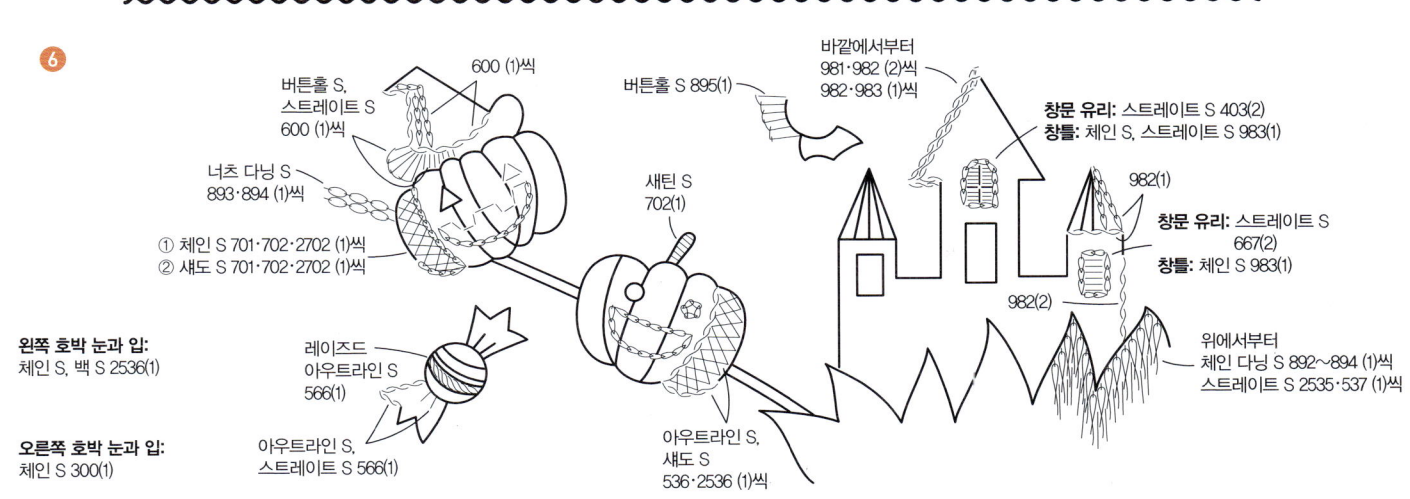

버튼홀 S,
스트레이트 S
600 (1)씩

600 (1)씩

버튼홀 S 895(1)

바깥에서부터
981·982 (2)씩
982·983 (1)씩

창문 유리: 스트레이트 S 403(2)
창틀: 체인 S, 스트레이트 S 983(1)

너츠 다닝 S
893·894 (1)씩

① 체인 S 701·702·2702 (1)씩
② 섀도 S 701·702·2702 (1)씩

새틴 S
702(1)

982(1)

창문 유리: 스트레이트 S
667(2)
창틀: 체인 S 983(1)

982(2)

왼쪽 호박 눈과 입:
체인 S, 백 S 2536(1)

레이즈드
아우트라인 S
566(1)

위에서부터
체인 다닝 S 892~894 (1)씩
스트레이트 S 2535·537 (1)씩

오른쪽 호박 눈과 입:
체인 S 300(1)

아우트라인 S,
스트레이트 S 566(1)

아우트라인 S,
섀도 S
536·2536 (1)씩

22.겨울 / 샘플러

Photo >> page.28

- 리넨 원단 회색
- 코스모 25번 자수실 노랑 141~147, 회색 2151·152~154·155, 890~895, 초록 270·272·275·276, 317·2317·318·319·320, 327, 536·2536·537, 갈색 310·311·2311, 382~386, 423, 빨강 345·346, 회갈색 364~367·369, 터키블루 563·566, 노란 갈색 576, 파랑 664·2664, 올리브색 684·685, 금갈색 700·701·2702, 빨간 갈색 857·858,

회청색 980·2981, 베이지 1000, 흰색 100, 500, 2500, 검정 600
- 코스모 라메실(해설에서는 K로 표기) 1
- 지면 관계상 도안은 따로따로 해설했습니다. 처음에 테두리 선 무늬(p.86 참조)로 칸을 나눈 뒤에 사진을 참조하여 배치하세요.

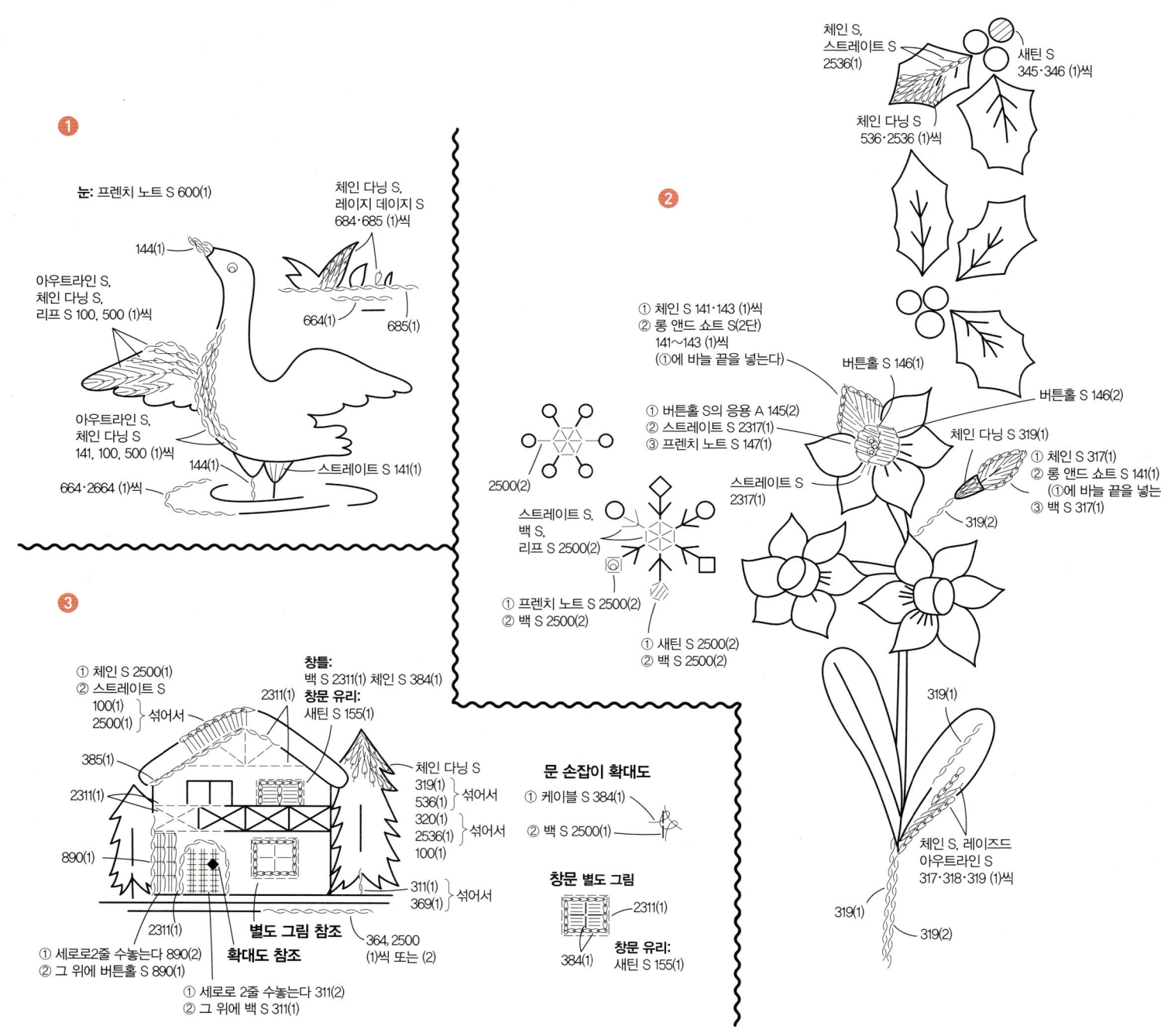

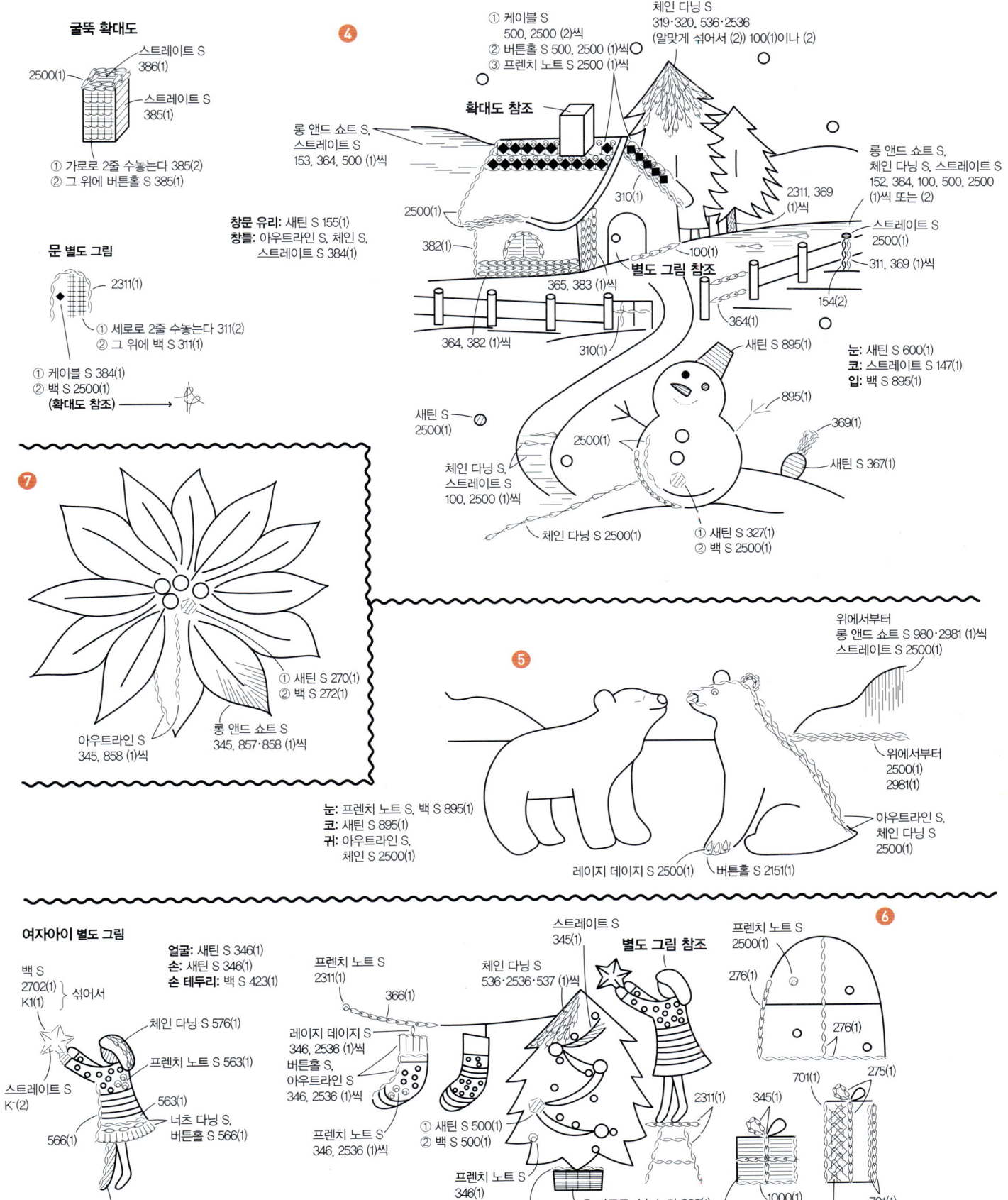

굴뚝 확대도

스트레이트 S
386(1)
2500(1)

스트레이트 S
385(1)

① 가로로 2줄 수놓는다 385(2)
② 그 위에 버튼홀 S 385(1)

문 별도 그림

2311(1)

① 세로로 2줄 수놓는다 311(2)
② 그 위에 백 S 311(1)

① 케이블 S 384(1)
② 백 S 2500(1)
(확대도 참조) →

❹

① 케이블 S
500, 2500 (2)씩
② 버튼홀 S 500, 2500 (1)씩
③ 프렌치 노트 S 2500 (1)씩

체인 다닝 S
319·320, 536·2536
(알맞게 섞어서 (2)) 100(1)이나 (2)

롱 앤드 쇼트 S,
스트레이트 S
153, 364, 500 (1)씩

확대도 참조

롱 앤드 쇼트 S,
체인 다닝 S, 스트레이트 S
152, 364, 100, 500, 2500
(1)씩 또는 (2)

스트레이트 S
2500(1)

311, 369 (1)씩

154(2)

2311, 369
(1)씩

창문 유리: 새틴 S 155(1)
창틀: 아우트라인 S, 체인 S,
스트레이트 S 384(1)

2500(1)

382(1)

310(1)

100(1)

365, 383 (1)씩

별도 그림 참조

364(1)

364, 382 (1)씩

310(1)

새틴 S
2500(1)

새틴 S 895(1)

895(1)

369(1)

새틴 S 367(1)

눈: 새틴 S 600(1)
코: 스트레이트 S 147(1)
입: 백 S 895(1)

2500(1)

체인 다닝 S,
스트레이트 S
100, 2500 (1)씩

체인 다닝 S 2500(1)

① 새틴 S 327(1)
② 백 S 2500(1)

❼

① 새틴 S 270(1)
② 백 S 272(1)

아우트라인 S
345, 858 (1)씩

롱 앤드 쇼트 S
345, 857·858 (1)씩

위에서부터
롱 앤드 쇼트 S 980·2981 (1)씩
스트레이트 S 2500(1)

❺

위에서부터
2500(1)
2981(1)

아우트라인 S,
체인 다닝 S
2500(1)

눈: 프렌치 노트 S, 백 S 895(1)
코: 새틴 S 895(1)
귀: 아우트라인 S,
체인 S 2500(1)

레이지 데이지 S 2500(1)

버튼홀 S 2151(1)

여자아이 별도 그림

백 S
2702(1)
K1(1)) 섞어서

체인 다닝 S 576(1)

프렌치 노트 S 563(1)

스트레이트 S
K·(2)

563(1)

너츠 다닝 S,
버튼홀 S 566(1)

566(1)

아우트라인 S,
스트레이트 S 423(1)

얼굴: 새틴 S 346(1)
손: 새틴 S 346(1)
손 테두리: 백 S 423(1)

프렌치 노트 S
2311(1)

366(1)

레이지 데이지 S
346, 2536 (1)씩
버튼홀 S,
아우트라인 S
346, 2536 (1)씩

프렌치 노트 S
346, 2536 (1)씩

프렌치 노트 S
346(1)

311(1)

스트레이트 S
345(1)

체인 다닝 S
536·2536·537 (1)씩

별도 그림 참조

① 새틴 S 500(1)
② 백 S 500(1)

① 가로로 수놓는다 366(1)
② 세로로 그 위에
백 S 366(1)

2311(1)

프렌치 노트 S
2500(1)

276(1)

276(1)

275(1)

701(1)

345(1)

스트레이트 S
1000(1)

1000(1)

701(1)

① 섀도 S 700(1)
② 페더 S 701(1)

Original staff / 협력해 주신 분들

●作品 : 秋山瑳稀子(Sakiko Akiyama), 石川スミ子(Sumiko Ishikawa), 海藤洋美(Hiromi Kaido), 梶田美栄子(Mieko Kajita), 河合隆子(Takako Kawai), 菊池敦子(Atsuko Kikuchi), 嶋岡純子(Junko Shimaoka), 菅谷英子(Hideko Sugaya), 高松和歌子(Wakako Takamatsu), 多胡佳子(Yoshiko Tago), 羽藤典子(Noriko Hato), 吉田和子(Takako Yoshida), 渡辺かず子(Kazuko Watanabe)

●図案 : 岡 郁子(Ikuko Oka), 高瀬ゆうこ(Yuko Takase)

◆ 따듯한 감성으로 그려낸 자수 샘플러 ◆

꽃과 풍경 자수 스티치

초판 1쇄 2016년 4월 12일

지은이 | 토츠카 사다코
옮긴이 | 남궁가윤
감수 | 김예원

펴낸이 | 서인석
펴낸곳 | ㈜제우미디어
출판등록 | 제 3-429호
등록일자 | 1992년 8월 17일
주소 | 서울시 마포구 독막로 76-1 한주빌딩 5층
전화 | 02-3142-6845
팩스 | 02-3142-0075
홈페이지 | www.jeumedia.com

ISBN 978-89-5952-483-9

값은 뒤표지에 있습니다.
파본은 본사나 구입하신 서점에서 교환해 드립니다.

| 만든 사람들 |
출판사업부총괄 | 손대현
편집장 | 전태준
기획편집 | 홍지영
기획팀 | 김주원, 문대현, 이유리
영업 | 김영욱, 박임혜
제작 | 김금남
디자인 | 디자인그룹올
인쇄 · 제본 | ㈜신우디피케이, 정민제본